高等职业教育"十三五"规划教材

基于FPGA/CPLD的EDA技术实用教程

◎ 任全会　主编
◎ 陈享成　主审

化学工业出版社

·北京·

现代数字系统设计一般采用硬件描述语言实现，而 Verilog HDL 具有简捷、高效、易学、功能强的特点，具有广泛的应用群体；在工程实际中，基于 FPGA/CPLD 器件的数字应用系统占很大比例，因此，本书基于 FPGA/CPLD 器件开发工具 Quartus Ⅱ 及硬件描述语言 Verilog HDL 讲述现代数字系统设计。全书共分 8 个项目，通过实例由浅入深地介绍了利用 Verilog HDL 进行数字系统设计的方法和技巧。书中所有的实例全部通过了调试验证。

本书可作为高职高专电子工程、通信、电气自动化、计算机应用技术、仪器仪表等专业的教材，也可作为自学用书。

图书在版编目（CIP）数据

基于 FPGA/CPLD 的 EDA 技术实用教程/任全会主编 .
—北京：化学工业出版社，2019.2
高等职业教育"十三五"规划教材
ISBN 978-7-122-33682-8

Ⅰ.①基… Ⅱ.①任… Ⅲ.①电子电路-电路设计-计算机辅助设计-高等职业教育-教材 Ⅳ.①TN702.2

中国版本图书馆 CIP 数据核字（2019）第 005939 号

责任编辑：潘新文
责任校对：边 涛 装帧设计：韩 飞

出版发行：化学工业出版社（北京市东城区青年湖南街 13 号 邮政编码 100011）
印 装：北京市白帆印务有限公司
787mm×1092mm 1/16 印张 13 字数 262 千字 2019 年 3 月北京第 1 版第 1 次印刷

购书咨询：010-64518888 售后服务：010-64518899
网 址：http://www.cip.com.cn
凡购买本书，如有缺损质量问题，本社销售中心负责调换。

定 价：30.00 元 版权所有 违者必究

前　言

计算机技术和微电子工艺的发展，使得现代数字系统设计和应用进入一个新的阶段，新的设计工具和设计方法不断推出。 与之相适应，可编程逻辑器件也不断升级，功能越来越强，硬件描述语言也不断发展，功能上更加丰富，操作上也更加便捷。

现代数字系统设计一般采用硬件描述语言实现。 作为数字系统设计开发人员，必须至少掌握一种硬件描述语言。 Verilog HDL 和 VHDL 已成为 IEEE 的标准硬件描述语言，而 Verilog HDL 具有简捷、高效、易学、功能强的特点，具有广泛的应用群体，并且在工程实际中，基于 FPGA/CPLD 器件的数字应用系统占很大比例，因此本书基于 FPGA/CPLD 器件开发工具 Quartus Ⅱ 及硬件描述语言 Verilog HDL 讲述现代数字系统设计。

本书共分 8 个项目，全面介绍了 Verilog HDL 的语法和语句结构，通过实例由浅入深地展示了利用 Verilog HDL 进行数字系统设计的方法和技巧。 书中所有的实例全部通过了调试验证。 由于数字系统设计一直在不断发展变化，要熟练掌握数字系统设计和 FPGA/CPLD 技术的精髓，需要设计人员在不断实践的过程中，不懈地摸索和积累，逐步提高自己的数字系统设计水平。 读者如果还需要深入学习 FPGA/CPLD 数字系统开发技术，可参考其他专门书籍。

本书由任全会主编并编写项目 3、项目 4、项目 5，孙逸洁老师编写了项目 1、项目 2、项目 6，江兴盟老师编写了项目 7、项目 8。

本书可作为高职高专电子工程、通信、电气自动化、计算机应用技术、仪器仪表等专业的教材，也可作为自学用书。

由于水平所限，本书编写虽然做了很大努力，书中疏漏之处仍在所难免，真诚希望广大读者给予批评指正。

编者

2018 年 12 月

前　言

目 录

参考文献　　　　　　　　　　　　　　　　　　　197

项目 1

认识FPGA/CPLD及其开发工具

目前数字电子技术已经渗透到人类生活的各个方面，从计算机到手机，从家用电器到军用设备，从工业自动化到航天技术，都广泛采用了数字电子技术。现代数字电子设计基本采用基于计算机的电子设计自动化技术，即 EDA（Electronic Design Automation）技术，自动完成逻辑编译、化简、分割、综合、布局布线以及逻辑优化和仿真测试，最后将逻辑代码下载到 FPGA（Field Programmable Gate Array）/CPLD（Complex Programmable Logic Device）芯片或 ASIC 芯片中，实现既定的电子电路功能。

一、 FPGA/CPLD 技术及其发展历程

（一） 可编程逻辑器件（PLD）

在数字集成电路中，存在三种基本的器件类型：存储器、微处理器和逻辑器件。存储器用来存储特定的二进制信息，如数据表或数据库的内容；微处理器用来执行软件指令，以完成范围广泛的任务，如运行文字处理程序或音视频游戏，而逻辑器件则用来提供特定的功能，包括数据通信、信号处理、数据显示、定时和控制操作等功能。逻辑器件可分为固定逻辑器件和可编程逻辑器件两大类。固定逻辑器件中的电路是永久性的，这种器件一旦制造完成，其功能就无法改变，而可编程逻辑器件可在任何时间改变其功能，且具有设计开发周期短、设计制造成本低、开发工具先进、质量稳定以及可实时在线检验等优点。

可编程逻辑器件技术是电子设计领域中最具活力和发展前途的一项技术，它的影响丝毫不亚于 20 世纪 70 年代单片机的发明和使用。采用可编程逻辑器件可实现任何数字器件的功能，上至高性能 CPU，下至简单的 74 系列、CC4000 系列，都可以用可编程逻辑器件来实现。

不论是简单的还是复杂的数字器件，都是由基本门电路构成的，包括"与"门、"或"门、"非"门等。由基本门电路可构成两类数字电路，一类是组合电路，另一类是时序电路。任何组合逻辑都可以化为"与或"表达式，因此任何组合电路都可以用与或门电路实现。任何时序电路都可由组合电路加上存储元件构成，由此人们提出了可编程逻辑器件（PLD）的概念，其原理如图 1.1 所示。

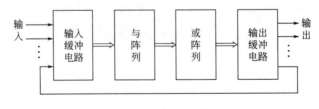

图 1.1 PLD 原理

此后人们又从 ROM 工作原理、地址信号与输出数据间的关系以及 ASIC 门阵

列获得启发，构造出 SRAM 查找表逻辑形成方法，采用 RAM 数据查找的方式，使用多个查找表构成一个查找表阵列，即可编程门阵列（PGA）。

（二）PLD 的发展及分类

1. PLD 的发展历程

很早以前人们就曾设想设计出一种可编程逻辑器件，不过由于受到当时集成电路工艺技术的限制，一直未能如愿，直到 20 世纪后期，集成电路技术有了飞速的发展，可编程逻辑器件才得以实现。

历史上，可编程逻辑器件（PLD）经历了 PROM、PLA、PAL、GAL、EPLD、CPLD 和 FPGA 的发展过程，在结构、工艺、集成度、功能、速度和灵活性方面逐渐改进和提高，大致的演变过程如下。

20 世纪 70 年代初，推出熔丝编程的 PROM 和 PLA 可编程逻辑器件。

20 世纪 70 年代末，AMD 公司推出 PAL 器件。

20 世纪 80 年代初，Lattice 公司发明电可擦写的、比 PAL 使用更灵活的 GAL 器件。

20 世纪 80 年代中期，Xilinx 公司提出现场可编程概念，同时生产出了世界上第一片 FPGA 器件。同一时期，Altera 公司推出 EPLD 器件，较 GAL 器件有更高的集成度，可以用紫外线或电擦除。

20 世纪 80 年代末，Lattice 公司推出了一系列 CPLD 器件，将可编程逻辑器件的性能推向了一个全新的高度。

进入 20 世纪 90 年代后，可编程逻辑器件进入飞速发展时期，可用逻辑门数超过了百万门，并出现了内嵌复杂功能模块（如加法器、乘法器、CPU 核、DSP 核、PLL 等）的 SoPC（可编程片上系统）。

2. PLD 的分类

PLD 的种类很多，几乎每个大型 PLD 供应商都能提供具有自身结构特点的 PLD 器件，由于历史原因，PLD 的分类方法较多，较常见的是按集成度来分类，如图 1.2 所示。一般按集成度可分为两大类：一类是芯片集成度较低的简单 PLD，早期出现的 PROM、PLA、PAL、GAL 都属于这类，逻辑门数大约在

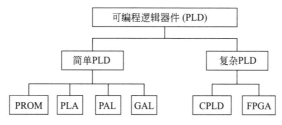

图 1.2　PLD 按集成度分类

500 门以下；另一类是芯片集成度较高的复杂 PLD，如现在大量使用的 FPGA/CPLD 器件。

另外，还可以根据可编程逻辑器件的结构分为两大类：一类是乘积项结构器件，其基本结构为"与或阵列"器件，大部分简单 PLD 以及 CPLD 属于这个范畴；另一类是查找表结构器件，由简单的查找表组成可编程逻辑门，再构成逻辑阵列形式，FPGA 属于此类器件。

常见的 FPGA/CPLD 芯片外形和封装如图 1.3 所示。

图 1.3　常见 FPGA/CPLD 芯片外形和封装

3. PLD 的发展趋势

目前 PLD 的发展趋势主要体现在以下几点。

① 继续向高密度、高容量方向发展。目前对新型高密度器件的需求有增无减，大容量 FPGA/CPLD 是市场发展的方向。

② IP 内核得到进一步发展。各大厂家不断开发新的 IP 内核，并且将部分功能在出厂时就固化在芯片中。

③ SoPC 成为主流。由于系统级芯片（SoC）流片成本非常高，晶圆厂承担的风险太大，所以一般为顶级 OEM 商提供。从图 1.4 可以看出，SoPC 既含有嵌入的处理器、I/O 支持电路，也含有 PLD，所嵌入的处理器可以是软核，也可以是硬核，包括 DSP/MCU/ASSP，用户可以根据具体应用场景选择处理器和 I/O，然后对 SoPC 进行编程，因此 SoPC 很快进入了 DSP/MCU 的应用领域，成为受欢迎的产品。

④ ASIC 和 PLD 相互融合。ASIC 芯片尺寸小、功能强大、不耗电，但设计复杂，并且有批量要求。PLD 器件价格较低廉，能在现场进行编程，但体积大、功能有限，而且功耗比 ASIC 大。因此，FPGA/CPLD 和 ASIC 将会互

图 1.4　SoPC 组成示意图

相融合发展。

二、 FPGA/CPLD 的特点

（一） CPLD 与 FPGA 的结构特点

1. CPLD 的结构特点

CPLD 是在 PAL、GAL 的基础上发展起来的阵列型 PLD 器件，具有高密度、高速度的优点。CPLD 一般包含宏单元、可编程 I/O 单元和可编程连线阵列（PIA）三部分。

（1）宏单元

宏单元是 CPLD 器件的基本单元，宏单元内部主要包括"与或"阵列、触发器和多路选择电路，能独立地配置为组合工作方式或时序工作方式。在早期的 GAL 器件中，宏单元与 I/O 单元集成在一起，称为逻辑宏单元（OLMC），高密度 CPLD 的逻辑宏单元都做在内部，称为内部逻辑宏单元。CPLD 的宏单元内一般有多个触发器，其中只有一个触发器与输出端相连，其余触发器的输出可以反馈到"与阵列"，构成更复杂的时序电路，这些触发器称为"隐埋"触发器。

尽管大多逻辑函数能够用每个宏单元中的乘积项实现，但某些逻辑函数比较复杂，要实现它们，需要附加乘积项。为提供所需要的逻辑资源，可以借助可编程开关，将同一宏单元（或其他宏单元）中未使用的乘积项联合起来使用，称为乘积项共享方式。Lattice 和 Altera 的 CPLD 无一例外地采用了乘积项共享方式。利用乘积扩展项，可保证在实现逻辑综合时，用尽可能少的逻辑资源，得到尽可能快的工作速度。

（2）可编程 I/O 单元

可编程 I/O 单元具有以下一些特点：

- 能够兼容 TTL 和 CMOS 多种接口标准；

- 可配置为输入、输出、双向 I/O、集电极开路和三态门等各种组态；

- 能够提供适当的驱动电流，以直接驱动发光二极管（LED）等器件；

- 降低功率消耗，防止过冲和减少噪声。

I/O 单元必须能够支持多种接口电压。随着半导体工艺中线宽的不断缩小，器件的内核必须采用更低的电压。例如当工艺线宽为 $1.2 \sim 0.5 \mu m$ 时，器件一般采用 5V 电压；当工艺线宽为 $0.35 \mu m$ 时，器件的供电电压为 3.3V；当工艺线宽为 $0.25 \mu m$ 时，I/O 单元与芯片内核的供电电压不再相同，内核的电压一般为 2.5V，I/O 单元的工作电压为 3.3V，并且能兼容 5V 和 3.3V 的器件；当工艺线宽为 $0.18 \mu m$ 时，器件内核一般采用 1.8V 的电压，I/O 单元则要能够兼容 2.5V 和 3.3V 的电压。

（3）可编程连线阵列（PIA）

可编程连线阵列在各逻辑宏单元之间以及逻辑宏单元和 I/O 单元之间提供互联网络。在 FPGA 中，布线延时是累加的，与路径有关；而在 CPLD 中，一般采用固定长度的线段来连接，这种连线的好处是有固定的延时，时间性能容易预测。

下面以 MAX7000S 器件为例介绍 Altera 的 CPLD 结构特点。MAX7000S 器件的逻辑阵列块（LAB，Logic Array Blocks）如图 1.5 所示，每个 LAB 由 16 个宏单元组成，多个 LAB 通过 PIA 和全局总线连接在一起。

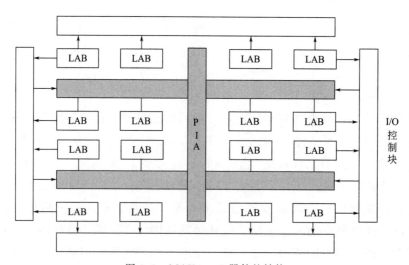

图 1.5 MAX7000S 器件的结构

MAX7000S 每个宏单元由三个功能块组成：逻辑阵列、乘积项选择矩阵和可编程触发器。逻辑阵列实现组合逻辑功能，它可给每个宏单元提供 5 个乘积项；乘积项选择矩阵分配这些乘积项，作为"或"门和"异或"门的主要逻辑输入项，以实现组合逻辑函数；每个宏单元的一个乘积项可以反相后回送到逻辑阵列。"可共享"的乘积项能够连到同一个 LAB 中任何其他乘积项上。每个宏单元的触发器可以通过单独编程，采用 D、T、JK、RS 触发器的工作方式。也可将触发器旁路，实现纯组合逻辑的输出。

尽管大多逻辑函数能够用每个宏单元中的 5 个乘积项实现，但某些逻辑函数比较复杂，要实现它们的话，需要附加乘积项，将共享和并联这两种扩展项作为附加的乘积项直接送到 LAB 的任意宏单元中，可利用尽可能少的逻辑资源，得到尽可能快的工作速度。

MAX7000S 每个 LAB 有 16 个共享扩展项。每个宏单元提供一个未使用的乘积项，并将它们反相后回送到逻辑阵列，便于集中使用，从而构成共享扩展项。每个共享扩展项可被 LAB 内任何宏单元共享，以实现复杂的逻辑函数。但采用共享扩展项会增加一个短的延时。共享扩展项的结构如图 1.6 所示。

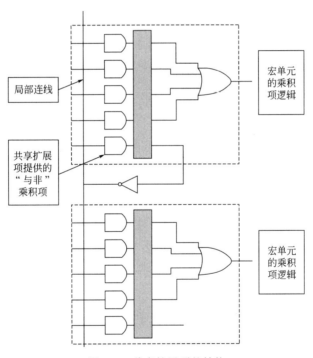

图 1.6　共享扩展项的结构

并联扩展项是一些宏单元中没有使用的乘积项，这些乘积项可分配到邻近的宏单元，实现快速复杂的逻辑函数。并联扩展项的结构如图 1.7 所示。

图 1.8 所示是 PIA 布线到 LAB 的示意图。MAX7000S 的 PIA 有固定的延时，它能消除信号之间的时间偏移。

图 1.9 所示为 MAX7000S 器件 I/O 控制块的结构图。I/O 控制块允许每个 I/O 引脚单独设置为输入、输出和双向工作方式。所有 I/O 引脚都有一个三态缓冲器，当三态缓冲器的控制端接地时，输出为高阻态，此时 I/O 引脚可作为专用输入引脚

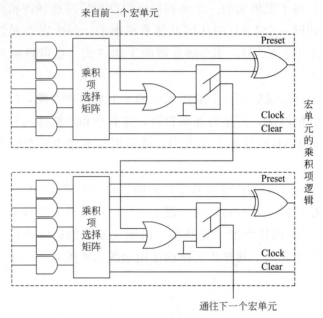

图 1.7   并联扩展项的结构

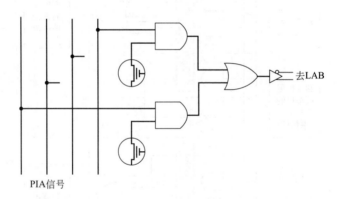

图 1.8   PIA 布线到 LAB

使用；当三态缓冲器的控制端接高电平时，输出有效。I/O 控制块有 6 个全局输出使能信号。

MAX7000S 器件提供节电工作模式，在这种模式下，整个器件总功耗下降到原来的 50% 或更低。器件中的每一个独立的宏单元可切换为高速（打开 Turbo 位）或者低速（关闭 Turbo 位），从而降低整个器件的功耗。

MAX7000S 器件每个 I/O 引脚都有一个控制漏极开路输出的 Open-Drain 选项，利用该选项可提供诸如中断、写允许等系统级信号。

MAX7000S 器件支持多电压 I/O 接口，设有 V_{CCIN} 和 V_{CCIO} 两组电源引脚，一组供内核和输入缓冲器工作，一组供 I/O 引脚工作。根据需要，V_{CCIO} 引脚可连接 3.3V 或 5.0V 电源，当接 5.0V 电源时，输出与 5.0V 系统兼容；当接 3.3V 电源时，输出与 3.3V 系统兼容。

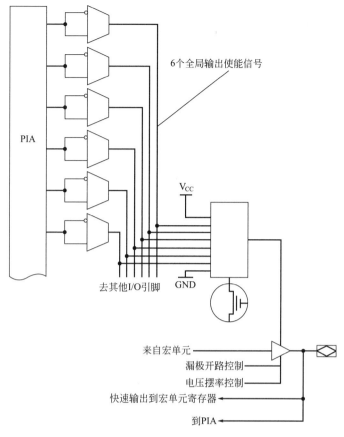

图 1.9　MAX7000S 器件 I/O 控制块的结构

CPLD 具有以下优点。

·I/O 数量多。在给定的器件密度上可提供更多的 I/O 接口。

·时序模型简单。这主要归功于 CPLD 的粗粒度特性，这不但可加速初始设计速度，而且可加速调试流程。

·CPLD 是粗粒结构，具有较少数量的开关，相应地延迟也小，因此 CPLD 可工作在更高的频率，具有更好的性能。

·CPLD 软件编译快，布放设计更加容易执行。

2. FPGA 的结构特征

CPLD 是基于乘积项的可编程结构，而 FPGA 则是基于查找表（LUT）的可编程结构，即 LUT 是可编程的最小逻辑构成单元。与 CPLD 相比，FPGA 具有更高的集成度、更强的逻辑功能和更大的灵活性。这里以 Altera 公司的 FPGA 器件 ACEX1K 为例介绍。

ACEX1K 器件的内部包括嵌入式阵列（EAB）、逻辑阵列（LAB）、快速通道、I/O 单元等部分。图 1.10 所示是 ACEX1K 器件的结构示意图。LAB 按行和列排成一个矩阵，每一行中放置了一个嵌入式阵列块（EAB）。在器件内部，信号的互联及信号与器件引脚的连接由快速通道（Fast Track）提供，每行（或每列）的快速通道互连线的两端连接着若干个I/O单元。

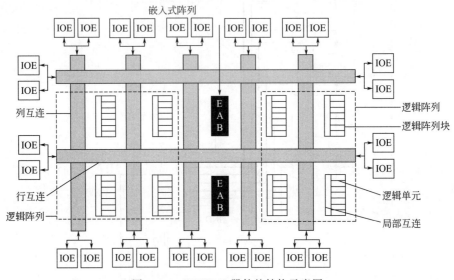

图 1.10　ACEX1K 器件的结构示意图

ACEX1K 器件的嵌入式阵列包含一系列的 EAB，可实现 RAM、ROM、双口 RAM 以及 FIFO 等功能，也可实现普通逻辑门功能。EAB 既可独立使用，也可以联合起来实现更复杂的功能。

ACEX1K 器件的逻辑阵列由许多逻辑阵列块（LAB）构成，每个 LAB 包含 8 个逻辑单元（LE）。LE 由一个 4 输入查找表（LUT）、一个可编程触发器和专用的进位链、级连链构成。8 个 LE 可以实现一个中等规模的逻辑电路，如 8 位计数器等，也可将多个 LAB 结合起来实现复杂的逻辑功能，每个 LAB 约相当于 96 个逻辑门。ACEX1K 器件内部的信号互连由纵横贯穿于整个器件的行列通道提供。

每个 I/O 引脚都配有一个 I/O 单元（IOE），它位于每个行或列的末端。每个 I/O 单元包含一个双向 I/O 缓冲器和一个寄存器，可以用作输出或输入寄存器，当被用作专用的时钟引脚时，缓冲器可提供附加的特性。I/O 单元能提供许多功能，如支持 JTAG BST、转换速度控制、三态缓冲等。

FPGA 具有以下特点。

① FPGA 是细粒结构，每个单元间存在细粒延迟，随着设计密度的增加，信号不得不通过更多开关，路由延迟也随之增加，从而削弱了整体性能。

② 如果设计中要用到大量触发器（时序逻辑），那么使用 FPGA 就是一个很好的选择。根据结构原理可以知道，PLD 分解组合逻辑的功能很强，一个宏单元就可以分解多个组合逻辑输入。而 FPGA 的一个 LUT 只能处理 4 输入的组合逻辑，因此，PLD 适合用于设计译码等复杂组合逻辑。

③ FPGA 芯片中包含的 LUT 和触发器的数量非常多。FPGA 的制造工艺确定

了 FPGA 芯片中包含的 LUT 和触发器的数量非常多，平均逻辑单元成本很低。

④ 用 FPGA 作为控制器，程序跑飞或死机的可能性较小；FPGA 的 I/O 口配置灵活，可自由设定 I/O 口的功能，并且 I/O 口多，易于实现复杂 I/O 口控制；同时 FPGA 执行速度快，可实现高速的数据采集和控制。

（二） CPLD 与 FPGA 的区别

FPGA 和 CPLD 都是可编程 ASIC 器件，有很多共同特点，但 CPLD 和 FPGA 在结构上存在差异，具有各自的特点。

① 在编程方式上，CPLD 主要是基于 EEPROM 或 FLASH 存储器编程，编程次数可达 1 万次，优点是系统断电时编程信息也不丢失。CPLD 又可分为在编程器上编程和在系统编程两类。FPGA 大部分是基于 SRAM 编程，编程信息在系统断电时丢失，每次上电时，需从器件外部将编程数据重新写入 SRAM 中。其优点是可以编程任意次，可在工作中快速编程，从而实现板级和系统级的动态配置。

② CPLD 的连续式布线结构决定了它的时序延迟是均匀的和可预测的，而 FPGA 的分段式布线结构决定了其延迟的不可预测性。

③ 在编程上 FPGA 比 CPLD 具有更大的灵活性。CPLD 通过修改内连电路的逻辑功能来编程，FPGA 主要通过改变内部连线的布线来编程；FPGA 可在逻辑门下编程，而 CPLD 是在逻辑块下编程。

④ FPGA 的集成度比 CPLD 高，具有更复杂的布线结构和逻辑实现。

⑤ CPLD 比 FPGA 使用起来更方便。CPLD 的编程采用 E2PROM 或 FAST-FLASH 技术，无需外部存储器芯片，使用简单。而 FPGA 的编程信息需存放在外部存储器上，使用方法复杂。

⑥ CPLD 的速度比 FPGA 快，并且具有较强的时间预测性。FPGA 是门级编程，并且 CLB 之间采用分布式互联，而 CPLD 是逻辑块级编程，并且其逻辑块之间的互联是集总式的。

⑦ CPLD 更适合完成各种算法和组合逻辑，FPGA 更适合完成时序逻辑。换句话说，FPGA 更适合触发器丰富的结构，而 CPLD 更适合触发器有限而乘积项丰富的结构。

⑧ CPLD 保密性好，FPGA 保密性差。

⑨ 一般情况下，CPLD 的功耗要比 FPGA 大，且集成度越高越明显。

三、 主流厂商 FPGA/CPLD 器件及开发软件

（一） 主流厂商 FPGA/CPLD 器件

1. Altera 公司的 FPGA 和 CPLD 器件

Altera 公司是著名的 PLD 生产厂商，多年来直占据着行业领先的地位。Altera

公司的 PLD 具有高性能、高集成度和高性价比的优点，此外它还提供了功能全面的开发工具和丰富的 IP 核、宏功能库等，因此 Altera 公司的产品获得了广泛的应用。Altera 公司的产品有多个系列，包括 Stratix II 系列、Stratix 系列、Cyclone 系列、MAX II 系列、Classic 系列、FLEX 系列、APEX 系列、ACEX 系列等。下面简要介绍几种主要系列。

（1）Stratix II 系列

Stratix II 系列器件采用 TSMC 90nm 低绝缘工艺技术，采用了革新性的逻辑结构，基于自适应逻辑模块（ALM）构建。它将更多的逻辑器件封装到更小的面积内，具有更快的性能。Stratix II 中带有专用算法功能模块，能高效实现复杂算法。为了支持通信应用，Stratix II 系列提供了高速信号接口和动态相位调整（DPA）电路，消除外部板子和内部器件的偏移，更易获得最佳的性能。Stratix II 系列 FPGA 支持差分 I/O 信号电平，包括 HyperTransport、LVDS、LVPECL 及差分 SSTL 和 HSTI。

Stratix II 系列还提供了外部存储器接口，包括 DDR2 SDRAM、RLDRAMII 和 QDR II SRAM，具有充裕的带宽和 I/O 引脚支持，具有多种标准 168/144 脚双直列存储模块（DIMM）接口。

为提高安全性，配置比特流加密技术的 128 位高级加密标准（AES）密钥存放在 FPGA 中，无需备份电池，不占用逻辑资源。Stratix II 系列器件含有 TriMatrix 存储器，三种存储块分别为 M-RAM、M4K 和 M512，提供多达 9MB 的存储容量，包括用于检错的校验位，性能高达 370MHz，混合宽度数据和混合时钟模式。

Stratix II 增强数字信号处理（DSP）特点包括：

① 更大的 DSP 带宽，提供比 Stratix 器件多四倍的 DSP 带宽；

② 专用乘法器、流水线和累加电路；

③ 每个 DSP 块支持 Q1.15 格式新的舍入和饱和；

④ 最大性能高达 370MHz；

⑤ 时钟管理电路具有片内锁相环（PLL）支持器件和板子时钟管理动态 PLL，重配置允许随时改变 PLL 参数，备份时钟切换用于差错恢复和多时钟系统；

⑥ 可以实现片内差分和串行匹配，简化了电路板设计的复杂性，降低了设计成本；

⑦ 支持远程系统升级，用于可靠安全地进行系统升级和差错修复。专用看门狗电路可确保升级后功能正常。

（2）Stratix 系列

该系列采用 1.5V 内核，0.13μm 全铜工艺。芯片由 Quartus II 软件支持。主要特点如下。

① 内嵌三级存储单元，可配置为采用移位寄存器的 512B 小容量 RAM、4KB 容量的标准 RAM（M4K）或 512KB 的大容量 RAM（MegaRAM），并自带奇偶校验。

② 内嵌乘加结构的 DSP 块（包括硬件乘法器/累加器和流水线结构），适于高速数字信号处理和各类算法的实现。

③ 全新的布线结构，分为三种长度的行列布线，在保证延时可预测的同时，提高资源利用率和系统速度。

④ 增强时钟管理和锁相环能力，最多可有 40 个独立的系统时钟管理区和 12 组锁相环 PLL 实现任意倍频/分频，且参数可动态配置。

⑤ 增加片内终端匹配电阻，提高信号完整性，简化 PCB 布线。

⑥ 增强远程升级能力，增加配置错误纠正电路，提高系统可靠性，方便远程维护升级。

（3）ACEX 系列

ACEX 是 Altera 专门为通信（如 xDSL 调制解调器、路由器等）、音频处理及其他一些场合的应用而推出的芯片系列。ACEX 器件的工作电压为 2.5V，芯片的功耗较低，集成度在 3 万门到几十万门之间，基于查找表结构。在工艺上采用先进的 $1.8V/0.18\mu m$、6 层金属连线的 SRAM 工艺，封装形式则包括 BGA、QFP 等。

（4）FLEX 系列 FPGA

FLEX 系列是 Altera 为 DSP 设计应用最早推出的 FPGA 器件系列，包括 FLEX10K、FLEXIOKE、FLEX8000 和 FLEX6000 等。器件采用连续式互连和 SRAM 工艺，可用门数为 1～25 万门。FLEX10K 器件具有灵活的逻辑结构和嵌入式存储器块，能够实现各种复杂的逻辑功能，是应用最为广泛的一个系列。

（5）MAX 系列

MAX 系列包括 MAX9000、MAX7000A、MAX7000B、MAX7000S、MAX3000A 等器件系列。这些器件的基本结构单元是乘积项，在工艺上采用 EEPROM 和 EPROM。器件的编程数据可以永久保存，可加密。MAX 系列的集成度在数百门到 2 万门之间。所有 MAX 系列的器件都具有 ISP 在系统编程的功能，支持 JTAG 边界扫描测试。

（6）Cyclone 系列

Altera 的系列 FPGA 在逻辑门、存储器、锁相环和高级 I/O 接口之间具有较好的平衡，Cyclone FPGA 是价格敏感应用的最佳选择。Cyclone FPGA 具有以下特性。

① 采用新的可编程构架，通过设计实现低成本。

② 嵌入式存储资源支持各种存储器应用和数字信号处理（DSP）实施。

② 专用外部存储接口电路集成了 DDR FCRAM 和 SDRAM 器件以及 SDR SDRAM 存储器。

④ 支持串行总线网络接口及多种通信协议。

⑤ 使用 PLL 管理片内和片外系统时序。

⑥ 支持单端 I/O 标准和差分 I/O 技术，支持高达 311Mb/s 的 LVDS 信号。

⑦ 支持 NIOS Ⅱ 系列嵌入式处理器。

⑧ 采用新的串行配置器件低成本配置方案。

⑨ 通过 Quartus Ⅱ 软件 OpenCore 评估特性，免费评估 IP 功能。

（7）Cyclone Ⅳ 系列

Cyclone Ⅳ 器件采用经过优化的 60nm 低功耗工艺。Cyclone Ⅳ FPGA 系列只需要两路电源供电，简化了电源分配网络。其特点如下。

① 多达 115KB 的垂直排列的 LE，以 M9K 模块形式排列的 4MB 嵌入式存储器。

② 多达 266 个 18×18 位乘法器。

③ 专用外部存储器接口电路，用以连接 DDR2、DDR 和 SDR SDRAM 以及 QDP Ⅱ SRAM 存储器件。最多有 4 个嵌入式 PLL，用于片内和片外系统时钟管理。

④ 支持单端 I/O 标准的 64 位、66MHz PCI 和 64 位、100MHz PCI-X（模式 1）协议。

⑤ 具有差分 I/O 信号，支持 RSDS、mini-LVDS、LVPECL 和 LVDS，Cyclone Ⅳ GX 集成了 3.125Gb/s 收发器。

⑥ 对安全敏感应用进行自动 CRC 检测，支持完全定制 NIOS Ⅱ 嵌入式处理器。

⑦ 采用串行配置器件低成本配置解决方案。

（8）MAX Ⅱ 系列

这是一款上电即用、非易失性的 PLD 器件系列，用于通用的低密度逻辑应用环境。MAX Ⅱ 系列器件还将成本和功耗优势引入了高密度领域。其特点是使用 LUT 结构，内含 Flash，可以实现自动配置。和 3.3V MAX 器件相比，MAX Ⅱ 器件只有很小的功耗，采用 1.8V 内核电压，以减小功耗，可靠性高。支持内部时钟频率达 300MHz，内置用户非易失性 Flash 存储器块，通过取代分立式非易失性存储器件减少芯片数量。

MAX Ⅱ 器件在工作状态时能够下载第二个设计，可降低远程现场升级的成本，有灵活的多电压 MultiVolt 内核。片内电压调整器支持 3.3V、2.5V 或 1.8V 电源输入。可减少电源电压种类，简化单板设计。可以访问 JTAG 状态机，可提高单板上不兼容 JTAG 协议的 Flash 器件的配置效率。

随着百万门级 FPGA 的推出，SoPC 可编程芯片系统成为可能，它可将一个完整的系统集成在一个可编程逻辑器件内。为了支持 SoPC 的实现，方便用户的开发与应用，Altera 还提供了众多性能优良的宏模块、IP 核以及系统集成解决方案，这些宏功能模块、IP 核都经过了严格的测试，使用这些模块将大大减少设计的风险，缩短开发周期，可使用户将更多的精力和时间放在改善和提高设计系统的性能上，而不是重复开发已有的模块。

Altera 通过以下两种途径开发 IP 模块。

① AMPP（Altera Megafunction Partners Program）。AMPP 是 Altera 宏功能模块和 IP 核开发伙伴组织，通过该组织，提供基于 Altera 器件的优化宏功能模块

和 IP 核。

② MegaCore。又称为兆功能模块，是 Altera 自行开发完成的。兆功能模块拥有高度的灵活性，具有一些固定功能器件达不到的性能。

Altera 的 Quartus 平台提供对各种宏功能模块进行评估的功能，允许用户在购买某个宏功能模块之前对该模块进行编译和仿真，以测试其性能。

Altera 能够提供以下宏功能模块。

① 数字信号处理类。即 DSP 基本运算模块，包括快速加法器、快速乘法器、FIR 滤波器和 FFT 等，这些参数化的模块均针对 Altera FPGA 的结构做了充分的优化。

② 图像处理类。Altera 为数字视频处理所提供的包括压缩和过滤等应用模块均针对 Altera 器件内置存储器的结构进行了优化，包括离散余弦变换和 JPEG 压缩等。

③ 通信类。包括信道编码解码、Viterbi 编码解码和 Turbo 编码解码等模块，还能够提供无线电软件应用模块，如快速傅立叶变换和数字调制解调器等。在网络通信方面也提供了诸多选择，从交换机到路由器，从桥接器到终端适配器，均提供了一些应用模块。

④ 接口类。包括 PCI、USB、CAN 等总线接口以及 SDRAM 控制器、IEEEl394 标准接口。其中 PCI 总线接口包括 64 位、66MHz 的 PCI 总线和 32 位、33MHz 的 PCI 总线等几种方案。

⑤ 处理器及外围功能模块。包括嵌入式微处理器、微控制器、CPU 核、NIOS 核、UART 和中断控制器等。此外还有编码器、加法器、锁存器、寄存器和各类 FIFO 等 IP。

2. Lattice 公司的 FPGA 和 CPLD 器件

Lattice 也是最早推出 PLD 的公司之一。Lattice 公司的 CPLD 产品主要有 ispLSI、ispMACH 等系列。20 世纪 90 年代，Lattice 发明了 ISP（In-System Programmability）下载方式，并将 EECMOS 与 ISP 相结合，使 CPLD 的应用领域有了巨大的扩展。

（1）ispLSI 系列

ispLSI 系列器件是 Lattice 公司于 20 世纪 90 年代推出的大规模可编程逻辑器件，集成度在 1000～60000 门之间，Pin-to-Pin（引脚到引脚）延时最小可达 3ns。ispLSI 器件支持在系统编程和 JTAG 边界扫描测试功能。

ispLSI 器件主要分四个系列：ispLSI 1000E 系列、ispLSI 2000E/2000VL/200VE 系列、ispLSI 5000V 系列、ispLSI 8000/8000V 系列。它们的基本结构和功能相似，但在用途上有一定的侧重点，因而在结构和性能上有细微的差异，有的速度快，有的密度高，有的成本低，有的 I/O 口多，适合在不同的场合应用。

（2）ispMACH 4000 系列

ispMACH 4000 系列 CPLD 器件有 3.3V、2.5V 和 1.8V 三种供电电压，分别属于 ispMACH 4000V、ispMACH 4000B 和 ispMACH 4000C 器件系列。

ispMACH 4000Z、ispMACH 4000V 和 ispMACH 4000Z 均支持军用温度范围。MAcH4000 系列支持介于 3.3V 和 1.8V 之间的 I/O 标准，既有业界领先的速度性能，又能提供最低的动态功耗。ispMACH 4000 系列具有 SuperFAST 性能，引脚至引脚之间的传输延迟 tpd 为 2.5ns，频率可达 400MHz。

（3）EC 和 ECP 系列

EC 和 ECP 系列属于 Lattice 的 FPGA 系列，使用 $0.13\mu m$ 工艺制造，提供低成本的 FPGA 解决方案。在 ECP 系列器件中还嵌入了 DSP 模块。

3. Xilinx 公司的 FPGA 和 CPLD 器件

Xilinx 在 1985 年首次推出了 FPGA，随后不断推出新的集成度更高、速度更快、价格更低、功耗更小的 FPGA 器件系列。Xilinx 有以 CoolRunner、XC9500 系列为代表的 CPLD 以及以 XC4000、Spartan、Virtex 系列为代表的 FPGA 器件，如 C2000、XC4000、Spartan 和 Virtex、VirtexIIpro、Virtex-4 等系列，其性能不断提高。

（1）Virtex-4 系列 FPGA

采用已验证的 90nm 工艺制造，密度达 20 万逻辑单元，速度可达 500MHz。整个系列分为三个面向特定应用领域而优化的 FPGA 平台架构，分别是：

① 面向逻辑密集的设计：Virtex-4LX；

② 面向高性能信号处理应用：Virtex-4SX；

③ 面向高速串行连接和嵌入式处理应用：Virtex-4FX。

（2）Spartan Ⅱ/Spartan-3/Spartan-3E 器件系列

Spartan Ⅱ 器件是以 Virtex 器件的结构为基础发展起来的第二代高容量 FPGA。Spartan Ⅱ 器件的集成度可以达到 15 万门，系统速度可达到 200MHz，能达到 ASIC 的性价比。Spartan Ⅱ 器件的工作电压为 25V，采用 $0.22\mu m/0.18\mu m$ CMOS 工艺，6 层金属连线制造。

Spartan-3 也采用 90nm 工艺制造，是继 Spartan Ⅱ 之后的一个低成本 FPGA 版本。

（3）XC9500/XC9500XL 系列 CPLD

XC9500 系列被广泛地应用于通信、网络和计算机等产品中。该系列器件采用快闪存储技术（Fast Flash），比 EECMOS 工艺的速度更快，功耗更低。目前，Xilinx 公司 XC9500 系列 CPLD 的 tpd 可达到 4ns，宏单元数达到 288 个，系统时钟可达到 200MHz。

XC9500 器件支持 PCI 总线规范和 JTAG 边界扫描测试功能；具有在系统可编程能力。该系列有 XC9500、XC9500XV 和 XCS1500XL 三种类型，内核电压分别为 5V、2.5V 和 3.3V。器件重要特点如下。

① 采用快闪存储技术，器件速度快，功能强，引脚到引脚的延时最低为 4ns，系统速度可达 200MHz，器件功耗低。

② 引脚作为输入可以接受 3.3V、2.5V、1.8V 和 1.5V 等几种电压，作为输出可以配置为 3.3V、2.5V、1.8V 等电压。

③ 支持在系统编程和 JTAG 边界扫描测试功能，器件可以反复编程达 10000 次，编程数据可以保持 20 年。

④ 集成度为 36～288 个宏单元，800～6400 个可用门，器件有不同的封装形式。

XC9500XL 系列是 XC9500 系列器件的低电压版本，采用 3.3V 供电，成本低于 XC9500 系列器件。

4. FPGA 的器件选择和使用注意事项

（1）供应商的选择

目前，主要的 FPGA 供应商有 Xilinx 公司、Altera 公司、Lattice 公司和 Actel 公司，其中 Xilinx 公司和 Altera 公司的规模最大，能提供器件的种类非常丰富。

（2）FPGA 器件的基本参数和指标选择

基本参数是器件选型的重要标准。基本参数主要包括逻辑单元的数量、等效逻辑门数量、可用的 I/O 数量、片内的存储资源的多少等，其他参数有时钟管理、锁相环和延时锁定环、PLL 和 DLL、高速 I/O 接口、嵌入式的硬件乘法器或者 DSP 单元、处理器的硬 IP 核、其他硬 IP 核、各种软 IP 核。

（3）型号选择

选择具体型号的 FPGA 需要考虑的因素的比较多，包括管脚数量、逻辑资源、片内存储器、DSP 资源、功耗、封装的形式等等，一般都要参考各个厂家给出的器件的 Datasheet，了解各项的参数和性能指标。为了保证具有较好的可扩展性和可升级性，应留出一定的资源余量，因此，要进行系统硬件资源需求的估计。

（4）外围器件的选择

FPGA 型号选定以后，根据 FPGA 的特性，为其选择合适的电源芯片、片外存储器芯片，配置信息存储器。

在设计 FPGA 的最小系统时，一般需要注意以下几个方面。

① 必需的功能　最小系统之中，除了 EP1C3 芯片之外，应该还包括 3.3V 的 I/O 口用稳压电源、内核用 1.5V 稳压电源、测试用发光二极管指示灯、JTAG 口、

I/O 口引出排针、有源晶振电路等。

② I/O 口的引出与排列　最小系统板除了用于做一些简单的编程实验之外，最主要还是用于与其他扩展板配合使用，即可以嵌入到一些复杂的系统中。因此，尽量把所有的 I/O 都引出，同时应该分类引出，并且排列应比较连贯。

③ 器件的选择　对于低成本小系统，一般选择 EP1C3 或 EP1C6，稳压芯片一般选择 1117 系列。许多厂家都用 1117 系列，并且各种不同的输出电压值都有，方便设计时灵活选择。

④ 可选功能　可选功能包括 1～3 路 RS232 接口、I²C 总线存储器（例如 24C02、24C64）。如果考虑到以 NIOS Ⅱ 的应用为主，FPGA 可以改用 EP1C6。144 引脚封装的 EP1C6 与 EP1C3 除了几个特殊 I/O 外完全兼容。可按照 Altera 公司或相关开发板公司提供的开发板加上外部 Flash 和 SDRAM。

（二）　FPGA/CPLD 常用开发软件

1. Quartus Ⅱ 软件

Quartus Ⅱ 是 Altera 公司推出的 FPGA/CPLD 开发工具，Quartus Ⅱ 提供了完全集成且与电路结构无关的开发包环境，具有数字逻辑设计的全部特性。利用 Quartus Ⅱ 软件的开发流程可概括为以下几步：设计输入、设计编译、设计时序分析、设计仿真和器件编程。其中包括原理图、结构框图的 Verilog HDL、AHDL 和 VHDL 电路描述，可将其保存为设计实体文件；可进行芯片（电路）平面布局连线编辑，通过 LogicLock 增量设计方法，用户可优化系统，添加对原始系统性能影响较小或无影响的后续模块。

该软件还提供以下功能：

① 功能强大的逻辑综合工具；

② 完备的电路功能仿真与时序逻辑仿真工具；

③ 定时/时序分析与关键路径延时分析；

④ 可使用 SignalTap Ⅱ 逻辑分析工具进行嵌入式逻辑分析；

⑤ 支持软件源文件的添加和创建，并将它们链接起来生成编程文件；

⑥ 使用组合编译方式可一次完成整体设计流程；

⑦ 自动定位编译错误；

⑧ 高效的期间编程与验证工具；

⑨ 可读入标准的 EDIF 网表文件、VHDL 网表文件和 Verilog 网表文件；

⑩ 能生成第三方 EDA 软件使用的 VHDL 网表文件和 Verilog 网表文件。

Quartus Ⅱ 编译器支持的硬件描述语言有 VHDL、Verilog HDL 及 AHDL（Altera HDL），AHDL 是 Altera 公司自己设计、制定的硬件描述语言，是以结构描述方式为主的硬件描述语言。Quartus Ⅱ设计流程如图 1.11 所示。

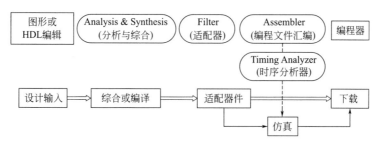

图 1.11　Quartus Ⅱ设计流程

2. ISE 软件

ISE 是 Xilinx 推出的 FPGA/CPLD 开发设计工具集合，由早期的 Foundation 系列逐步发展到目前的 ISE 9.1 系列，集成了 FPGA 开发需要的所有功能，Foundation Series ISE 具有界面友好、操作简单的特点，已经成为非常通用的 FPGA 工具软件。

ISE 的主要功能包括设计输入、综合、仿真、实现和下载，涵盖了 FPGA 开发的全过程，从功能上讲，其工作流程无需借助任何第三方 EDA 软件。

① 设计输入　ISE 提供的设计输入工具包括用于 HDL 代码输入和查看报告的 ISE 文本编辑器（The ISE Text Editor），用于原理图编辑的工具 ECS（The Engineering Capture System），用于生成 IP Core 的 Core Generator，用于状态机设计的 StateCAD 以及用于约束文件编辑的 Constraint Editor 等。

② 综合　ISE 的综合工具不但包含了 Xilinx 自身提供的综合工具 XST，同时还可以内嵌 Mentor Graphics 公司的 Leonardo Spectrum 和 Synplicity 公司的 Synplify，实现无缝链接。

③ 仿真　ISE 本身自带了一个具有图形化波形编辑功能的仿真工具 HDL Bencher，同时又提供了使用 Model Tech 公司的 Modelsim 进行仿真的接口。

④ 实现　此功能包括了翻译、映射、布局布线等，还具备时序分析、管脚指定以及增量设计等高级功能。

⑤ 下载　下载功能包括了 BitGen，用于将布局布线后的设计文件转换为位流文件，还包括了 ImPACT，其功能是进行设备配置和通信，将程序烧写到 FPGA 芯片中去。

3. Diamond 软件

Diamond 是 Lattice 公司推出的 PLD 开发设计软件。Diamond 集成工具环境为低密度和超低密度 FPGA 的应用设计提供了一个友好、全面、快速的用户界面。Diamond 使用扩展的基于项目的设计流程和集成的工具视图，可为用户提供包括进程流、层次结构、模块和文件列表等系统级信息，提供集成的 HDL 代码检查和合并报告生成功能。其特点如下。

① 基于 GUI 的完整 FPGA 设计和验证环境。

② 可通过多个工程以及设置策略，对单个设计项目进行设计探索。

③ 提供时序和功耗管理的图形化操作环境。

四、 FPGA/CPLD 器件的配置

在大规模可编程逻辑器件出现以前，人们在设计数字系统时，把器件焊接在电路板上是设计的最后一个步骤。当设计存在问题时，设计者往往不得不重新设计印制电路板，设计周期被无谓地延长了，设计效率也很低。CPLD、FPGA 的出现改变了这一切。现在，人们在逻辑设计时，可以在未设计具体电路时就把 CPLD、FPGA 焊接在印制电路板上，然后在设计调试时可以一次又一次随心所欲地改变整个电路的硬件逻辑关系，而不必改变电路板的结构。这一切都有赖于 CPLD、FPGA 的在系统下载或重新配置功能。

目前常见的大规模可编程逻辑器件的编程工艺有三种。

① 基于电可擦除存储单元的 EEPROM 或 Flash 技术。CPLD 一般使用此技术进行编程。CPLD 被编程后改变了电可擦除存储单元中的信息，掉电后可保存。某些 FPGA 也采用 Flash 工艺，比如 Lattice 的 Lattice XP 系列 FPGA。

② 基于 SRAM 查找表的编程单元。对该类器件，编程信息是保存在 SRAM 中的，SRAM 在掉电后编程信息立即丢失，在下次上电后，还需要重新载入编程信息。因此该类器件的编程一般称为配置。大部分 FPGA 采用该种编程工艺。

③ 基于反熔丝编程单元。比如 Xilinx 部分早期的 FPGA 采用此种结构，现在 Xilinx 已不采用。反熔丝技术编程方法是一次性可编程。

通常，将对 CPLD 的下载称为编程（Program），对 FPGA 中的 SRAM 进行直接下载的方式称为配置（Configure），对于反熔丝结构和 Flash 结构的 FPGA 的下载和对 FPGA 的专用配置 ROM 的下载仍称为编程。

不同厂商的器件，配置方法及工具并不相同，下面主要以 Altera 器件为例，介绍其配置工具及方法。

（一） 下载工具及其使用

1. ByteBlaster 并口下载电缆

ByteBlaster 并口下载电缆是进行在系统编程常用的连接线，ByteBlaster 下载电缆一端通过并口与 PC 机相连，另一端与目标 PCB 板插座相连，实现配置数据的传输，见图 1.12。它的构成为：与 PC 并口相连的 25 针插座、与目标 PCB 板插座相连的 10 针插头和 25 针到 10 针的变换电路。

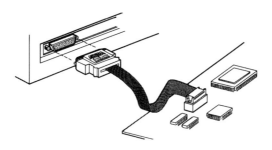

图 1.12　ByteBlaster 并口下载电缆

下载电缆与 Altera 器件的接口一般是 10 芯的接口，连接信号如表 1.1 所示。

表 1.1　ByteBlaster 下载电缆 10 芯接口引脚定义

引脚	JTAG 模式		PS 模式	
	信号名	功能	信号名	功能
1	TCK	时钟	DCLK	时钟
2	GND	地	GND	地
3	TDO	数据(来自器件)	CONF_DONE	配置控制
4	V_{cc}	电源	V_{cc}	电源
5	TMS	编程使能	nCONFIG	配置控制
6	—	NC	—	NC
7	—	NC	nSTATUS	配置状态指示
8	—	NC	—	NC
9	TDI	数据(到器件)	DATA0	数据(到器件)
10	GND	地	GND	地

2. USB Blaster 下载电缆

USB Blaster 是 ALTERA 推出的 FPGA/CPLD 程序下载电缆，见图 1.13，通过计算机的 USB 接口可对 Altera 的 FPGA/CPLD 以及配置芯片进行编程、调试等操作。USB Blaster 的驱动来自 PC 的配置或者编程数据。它具备以下特性。

· 支持 1.8V、2.5V、3.3V 和 5.0V 工作电压。

· 支持 SignalTap Ⅱ 逻辑分析功能。

· 支持 Altera 公司的全系列器件。CPLD 有 MAX3000、MAX7000、MAX9000、MAX Ⅱ等系列；FPGA 有 Stratix、Stratix Ⅱ、Stratix Ⅲ、Stratix Ⅳ、HardCopy Ⅰ、HardCopy Ⅱ、HardCopy Ⅲ、HardCopy Ⅳ、Cyclone Ⅰ、Cyclone Ⅱ、Cyclone Ⅲ、Cyclone Ⅳ、ACEX 1K、ACEX 20K、ACEX 10K 等系列。

· 支持 EPCS 串行配置器件的主动串行配置模式。

· 支持 NIOS Ⅱ嵌入式处理器系列的通信和调试。

· 支持主动串行配置器件 EPCS1、EPCS4、EPCS16 以及其他第三方配置器件。

· 支持强型配置器件 EPC1、EPC4、EPC16 等。

· 支持 NIOS 调试，支持 NIOS 下的 FLASH 烧写。

· 支持三种下载模式（AS、PS 和 JTAG）。

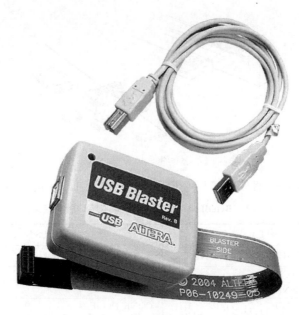

图 1.13　USB Blaster

相比 ByteBlaster，USB Blaster 具备速度快、使用方便、接口简单、状态指示灯指示清晰等优势，是当今调试 Altera 系列 FPGA/CPLD 最为广泛使用的工具。

（二）　CPLD 器件的配置

CPLD 器件多采用 JTAG 编程方式，JTAG 编程方式对 CPLD 和 FPGA 器件都支持，用于 CPLD 器件的下载文件为 POF 格式文件，用于 PFGA 器件的下载文件为 SOF 格式文件。

1. 单个 MAX 器件的 JTAG 编程

图 1.14 给出了单个 MAX 器件的 JTAG 编程连接示意图，图中的电阻为上拉电阻。

2. 多个 MAX/FLEX 器件的 JTAG 编程/配置

多个 MAX 器件的 JTAG 链配置如图 1.15 所示。当 JTAG 链中的器件多于 5个时，建议对 TCK、TMS 和 TDI 信号进行缓冲处理。

在 Quartus Ⅱ 软件的 Programmer 窗口下打开多个器件的 JTAG 编程选项，然后选择 "JTAG/Multi-Device JTAG Chain Setup" 命令，出现多级 JTAG 链设置对话框。单击 "Select Programming File" 对话框，选择相应器件的下载文件，再将选定的文件添入器件编程列表中。确认所选择的下载文件类型及次序与硬件系统中连接的顺序是否一致，然后单击 "OK" 按钮，即设置好编程文件，就可以进行下载了。对器件进行编程和校验所需的硬件和软件均可从 Altera 获得，还有很多第三

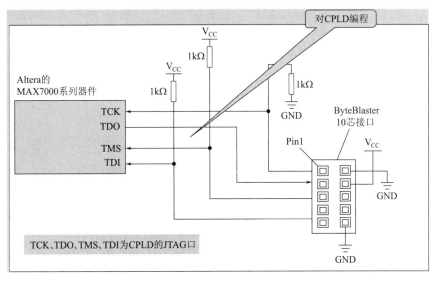

图 1.14　单个 MAX 器件的 JTAG 编程连接示意图

方厂家也提供编程支持。

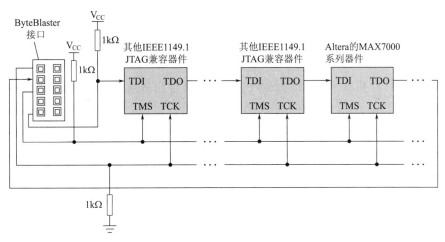

图 1.15　多个 MAX 器件的 JTAG 链配置方式

3. FPGA 器件的配置

Altera 的 FPGA 器件主要有两类配置方式：主动配置方式和被动配置方式。主动配置方式由 FPGA 器件引导配置操作过程，它控制着外部存储器和初始化过程；被动配置方式由外部计算机或控制器控制配置过程。根据配置数据线的宽度将配置分为串行配置和并行配置。

① 使用 PC 并行配置 FPGA　使用 PC 并行配置 FPGA，配置数据将通过 Byte-Blaster 电缆串行发送到 FPGA 器件，配置数据收发同步由 ByteBlaster 时钟提供，此种配置方式使用的配置文件为 SOF 文件（.sof），此文件在设计综合过程中自动

形成。

将 ByteBlaster 电缆的一端与 PC 机的并口相连（LPT1），另一端 10 针插头与装配有 PLD 器件的 PCB 板上的插座相连，图 1.16 所示为 FLEX10K 器件的并口配置连接图。

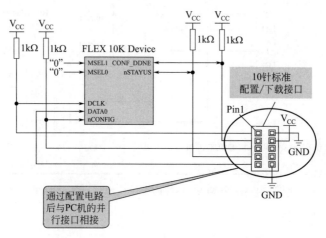

图 1.16　FLEX10K 器件并口配置连接图

② 使用 EPC 配置器件配置 FPGA　在 FPGA　正常工作时，它的配置数据存储在 SRAM 中，由于 SRAM 的易失性，每次加电时，配置数据必须重新构造。在实验系统中，常用计算机或控制器进行调试，因此可以使用被动配置方式。而实用系统不能带有计算机控制，因此必须由 FPGA 器件引导配置操作工程，这时主动工作的 FPGA 器件从外围存储芯片中获得配置数据。

常用的 EPC 配置芯片有 EPC1、EPC2 和 EPC141，这些器件将配置芯片存放在 EPROM 中，并按照内部的时钟频率输出数据。OE、nCS 和 DCLK 引脚提供了地址计数器和三态输出缓存器控制信号。配置器件将配置数据通过串行比特流由 DATA 引脚输出，图 1.17 所示为单个 EPC1、EPC2 和 EPC141 器件配置 FPGA 器件的电路连接图。

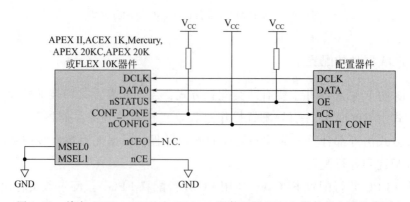

图 1.17　单个 EPC1、EPC2 和 EPC141 器件配置 FPGA 器件的电路连接图

练一练

一、 指出下面的英文缩写的含义。

1. FPGA

2. HDL

3. CPLD

4. PLD

5. SOPC

6. JTAG

7. IP

8. ASIC

9. ISP

10. RTL

11. EDA

二、 请查阅相关资料， 说明 MAX Ⅱ 系列属于什么类型的 PLD 器件。

三、 解释编程与配置这两个概念。

四、 FPGA 结构一般分为哪三部分？

五、 CPLD 和 FPGA 内部连线有什么区别？

六、 CPLD 和 FPGA 配置有什么区别？

七、 目前世界上生产 FPGA/CPLD 的公司主要有哪几家？

八、 分别列举出 Altera 公司常用的 CPLD 和 FPGA 型号。

FPGA/CPLD基础开发

一、 FPGA / CPLD 开发的基本方法

（一） 开发流程

FPGA/CPLD 的开发流程（见图 2.1）和基于处理器的软、硬件开发流程不同，最大特点是迭代性很强，并不是一个简单的顺序流程。在开发设计过程中，设计者在测试验证时一旦发现问题，往往需要回到前面的步骤重新审查、修改，然后重新综合、实现、仿真验证，直到设计符合要求。

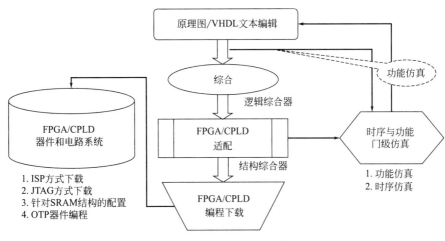

图 2.1　FPGA/CPLD 开发流程

1. 功能定义/器件选型

在 FPGA/CPLD 设计项目开始之前，必须进行系统功能的定义和模块的划分，还要根据任务要求，如系统的功能和复杂度，对工作速度和器件本身的资源、成本以及连线的可布性等进行权衡，选择合适的设计方案和合适的器件类型，建立与具体开发平台相对应的工程，比如当前开发平台是 EPM240，则后续的工程开发也应该基于该芯片进行。

2. 模块划分

一个项目在整体把握的基础上进行模块划分，不仅有利于分工，更有利于日后的代码升级、维护以及设计的综合优化。模块划分的基本原则是以功能为主，有时也按照数据流来做划分。

建立设计方案时，必须考虑 Quartus Ⅱ 软件提供的设计流程。在自顶向下的设计流程中，整个设计只有一个输出网络表，用户可以对整个设计计划进行跨设计边界和结构层次的优化处理，并且管理容易；在自底向上的设计流程中，每个设计模块具有单独的网格表，它允许用户单独编译每个模块，且单个模块的修改不会影响

到其他模块的优化。基于块的设计流程使用 EDA 设计输入和综合工具分别设计和综合各个模块，然后将各模块整合到 Quartus II 软件的最高层设计中。用户可根据实际情况灵活使用各种设计方法。

3. 设计输入方式

创建好工程后，需要给工程添加设计输入文件。设计输入可以使用文本形式的文件（如 AHDL、VHDL、Verilog HDL 等）、存储器数据文件（如 HEX、MIF 等）、原理图输入以及第三方 EDA 工具产生的文件（如 HDL、EDIF、VQM 等）。同时还可以混合使用集中设计输入方式进行设计。

（1）Verilog HDL/VHDL 硬件描述语言设计输入方式

硬件描述语言 HDL 设计法是大型模块化设计工程最常用的设计方法。目前较为流行的 HDL 语言有 Verilog HDL、VHDL 等，其共同的特点是易于使用自顶向下的设计方法，易于进行模块划分和复用，移植性强，通用性好，设计流程不因芯片工艺和结构的改变而变化，利于 ASIC 的移植。HDL 采用纯文本文件格式，用任何编辑器都可以编辑。

（2）AHDL 输入方式

AHDL 是完全集成到 Quartus II 软件系统中的一种高级模块化语言，可以用 Quartus II 软件文本编辑器或者其他的文本编辑器产生 AHDL 文件。AHDL 语言只能用于采用 Altera 器件的 FPGA/CPLD 设计，其代码不能移植到其他厂商器件（如 Xilinx、Lattice 等）上使用，通用性不强。

（3）模块/原理图输入方式

模块/原理图输入方式是 FPGA/CPLD 设计的基本方法之一，几乎所有的设计环境都集成有模块/原理图输入方式。这种设计方式直观、易用，支撑它的是一个功能强大、分门别类的器件库。由于器件库元件通用性差，因此其移植性差，如果更换芯片，整个原理图需要做很大修改，甚至是全部重新设计，所以这种设计方式主要是混合设计中的一种辅助设计方式。

（4）使用 Mega Wizard Plug-In Maneger 产生 IP 核/宏功能块

Mega Wizard Plug-In Maneger 工具的使用基本可以分为以下几个过程：工程的创建和管理，查找适用的 IP 核/宏功能模块，参数设计与生成，IP 核/宏功能模块的仿真与综合。

4. 逻辑综合

逻辑综合是将较高层次的电路描述转化为较低层次的电路描述。具体地说，就是将设计代码翻译成最基本的与门、或门、非门及 RAM、触发器等基本逻辑单元的连接关系（网表）。同时分析出逻辑设计中的 I/O 引脚，以便后续进行 I/O 引脚的分配。

5. 布局布线

布局布线可理解为利用实现工具把逻辑映射到目标器件结构资源中，确定逻辑的最佳布局，选择连接逻辑单元与输入输出单元的布线通道进行连线，并产生相应文件（如配置文件与相关报告）。实现是将综合生成的逻辑网表配置到具体的FPGA/CPLD芯片上，布局布线是其中最重要的过程。布局将逻辑网表中的硬件原语和底层单元合理地配置到芯片内部的固有硬件结构上，并且往往需要在速度最优和面积最优之间作出选择。布线是根据布局的拓扑结构，利用芯片内部的各种连线资源，合理正确地连接各个元件。目前，FPGA/CPLD的结构非常复杂，特别是在有时序约束条件时，需要利用时序驱动的引擎进行布局布线。布线结束后，软件工具会自动生成报告，提供有关设计中各部分资源的使用情况。由于只有FPGA/CPLD芯片生产商对芯片结构最为了解，所以布局布线必须选择芯片开发商提供的工具。

6. 仿真

仿真的目的就是在软件环境下，验证电路的行为和设想中的是否一致。一般在FPGA/CPLD中，仿真分为功能仿真和时序仿真。功能仿真在设计输入之后，在进行综合、布局布线之前实施的仿真，又称为行为仿真或前仿真，是在不考虑电路逻辑门的时间延迟，只考虑电路在理想环境下的行为和设计构想的一致性；时序仿真又称为后仿真，是在综合、布局布线后，即电路已经映射到特定的工艺环境后，在考虑器件延时的情况下对布局布线的网表文件进行的仿真。

7. 编程与配置

设计的最后一步就是芯片编程与调试。芯片编程是指产生要使用的数据文件（位数据流文件），然后将编程数据下载到FPGA/CPLD芯片中进行验证或使用。芯片编程需要满足一定的条件，如编程电压、编程时序和编程算法等。

（二）原理图输入

Quartus Ⅱ软件原理图输入包括原理图编辑、文本编辑、混合编辑。原理图和图表模块编辑是自顶向下设计的主要方法。

1. 原理图编辑

（1）内附逻辑函数

原理图编辑主要在符号的引入和线的连接。需要引入的逻辑函数存放在三个不同的目录，分为 primitives（基本逻辑函数，包括基本逻辑单元、管脚、电源、接地端、缓冲逻辑单元等）、others（其他许多常用的逻辑函数，包括 7400、7496 等）、megafunctions（参数化宏模块）三类。

（2）编辑规则

① 脚位名称。脚位命名可用英文字母的大写或是小写、阿拉伯数字，或者是一些特殊符号："/""-""_"等。名称中英文大小写的意义相同，即 abc 和 aBc 代表相同的管脚名称。另外在同一个设计文件中不能有重复的脚位名称。

② 节点名称。在 Quartus Ⅱ 中，只要器件连接线的节点名称相同，就会默认是连接的。节点（Node）的命名操作方法是：选中要添加节点的直线→单击鼠标右键→选中"properties"选项→在对话框中的"General"选项页中添加节点名称。

③ 总线名称。总线（bus）代表很多节点的组合。总线命名的方法与节点相同，但命名时，必须要在名称的后面加上"[a..b]"，表示一条总线内所含有的节点编号，其中 a 和 b 必须是整数。

④ 文件扩展名。文件扩展名为".bdf"。

（3）原理图和图表模块编辑工具

原理图和图表模块编辑工具见图 2.2。

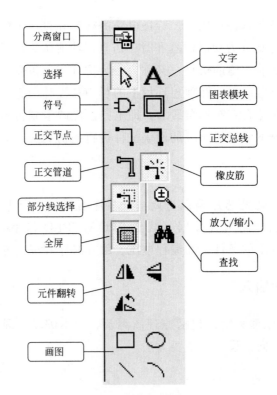

图 2.2　原理图和图表模块编辑工具

分离窗口：单击此按钮可以将当前窗口与 Quartus Ⅱ 主窗口分离。

选择：可以选取、移动、复制对象。

文字：文字编辑工具，通常在制定名称或批注时使用。

符号：用于添加工程所需要的各种原理图函数和符号。

图表模块：添加一个图标模块，用户可定义其输入和输出及一些相关参数，用于自顶向下的设计。

正交节点：可以画垂直或水平的连线，同时可以定义节点名称。

正交总线：可以画垂直或水平的总线。

正交管道：用于模块之间的连接和映射。

橡皮筋：选中此项，移动图形元件时脚位与连线不断开。

部分线选择：选中此项后，可以选择局部连线。

放大/缩小：用于放大或缩小原理图，选中此项后单击鼠标左键为放大，单击鼠标右键为缩小。

全屏：单击此按钮后，原理图编辑器窗口为全屏显示。

查找：用于查找节点、总线、元件等。

元件翻转：包括水平翻转、垂直翻转和 90 度逆时针翻转。

画图：分为画矩形、圆形、直线和弧线工具。

2. 原理图编辑流程

（1）创建新的工程文件

① 指定工程名称。选择菜单"Flie"→"New Project Wizard"命令。新建工程向导对话框，如图 2.3 所示。

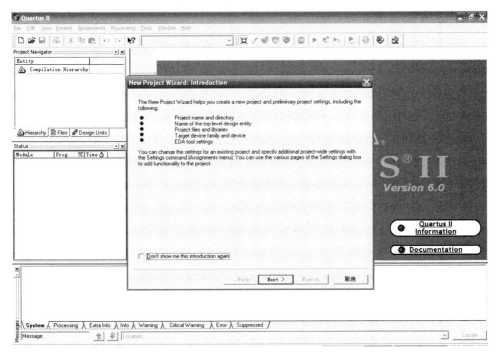

图 2.3 指定工程名称

建立项目工程要完成的工作包括制定项目目录、名称和项目实体，指定项目设计文件，指定设计的 Altera 器件系列，指定其他用于该项目的 EDA 工具，建立项目信息报告。

任何一项设计都是一项工程，必须首先为工程建立一个放置所有与此工程相关的文件的文件夹，同一个项目的所有文件都必须放到同一个文件夹中，一般来说，不同的设计项目最好放在不同的文件夹中。

单击"Next"按钮，进入图 2.4 所示对话框，在图中从上到下的各个文本框分别输入新工程的文件夹名称、当前工程和顶层实体的名称（注意：工程名要和顶层实体名称一致），在此例中工程名为"add"。

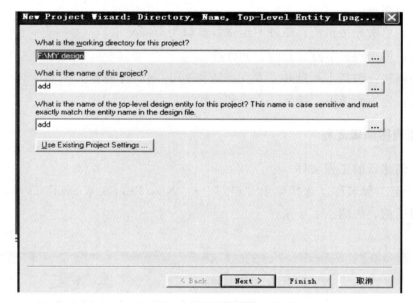

图 2.4　设置工程名

② 选择需要加入的文件和库。在图 2.4 中单击"Next"按钮（若文件夹不存在，系统会自动提示用户是否创建该文件夹，选择"Next"后会自动建立），弹出图 2.5 所示对话框。如果此设计中包括其他设计文件，可以在"File name"栏框选择文件，或者单击"Add All"按钮，加入该目录下的所有文件。如果需要用户自定义库，则单击"User Libraries"按钮来选择。如果没有需要添加的文件和库，可以不选，直接单击"Next"按钮即可。

③ 选择目标器件。单击"Next"按钮，出现目标器件窗口，见图 2.6，在"Target device"选项下选择"Auto device selected by the Filter"选项，系统会自动给所设计的文件分配一个器件。如果选择"Specific device selected in 'Available device' list"选项，用户需指定目标器件。在右侧的选择项下可以选择器件的封装类型（Package）、引脚数量（Pin count）和速度等级（Speed grade），快速查找用户需要指定的器件。本例中选择 ACEX1K 系列下的 EP1K30TC144-1。

④ 选择第三方 EDA 工具。单击"Next"按钮→进入第三方工具选择对话框，

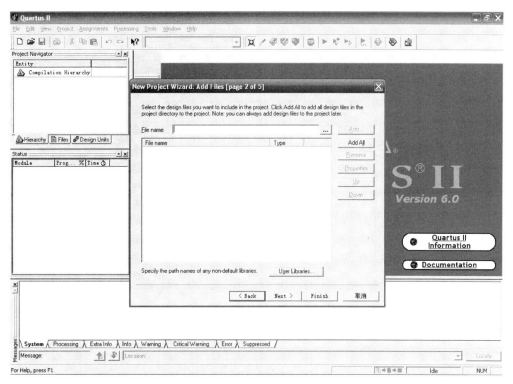

图 2.5　选择文件和库

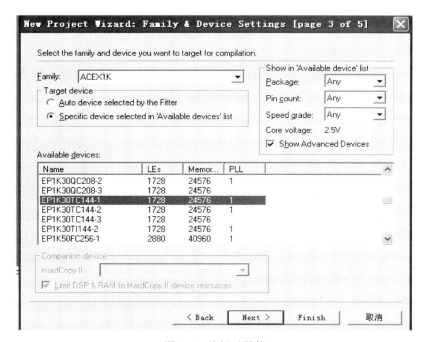

图 2.6　选择元器件

没有第三方工具可以不选,见图 2.7。

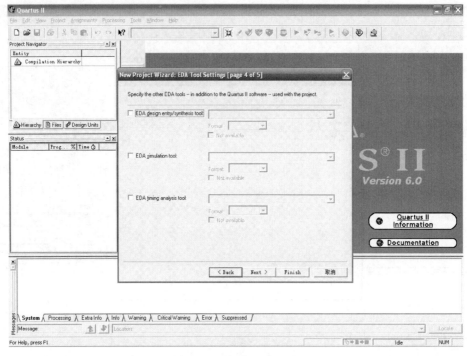

图 2.7　选择第三方工具

⑤ 结束设置。单击"Next"按钮,可以看出工程文件配置的信息报告,见图 2.8。单击"Finish"按钮,即完成了当前工程的创建。

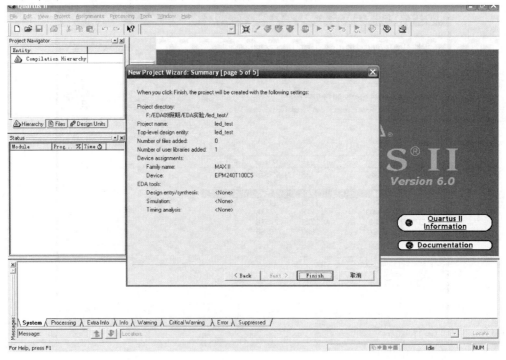

图 2.8　结束设置

（2）建立文件

选择菜单命令"File"→"New"，弹出图2.9所示"New"对话框，在"Device Design Files"标签下选择源文件的类型，这里选择"Block Diagram/Schematic File"类型，单击"OK"按钮，即出现图2.10所示的输入元件对话框。

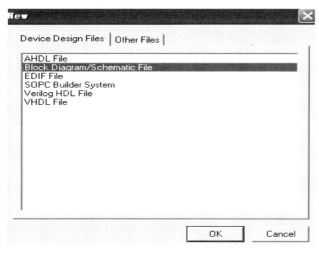

图2.9　"New"对话框

（3）放置元件符号

在图2.10所示窗口的空白处双击左键，出现图2.11所示的图形编辑窗口，在左侧"Libraries"栏中依次选择"primitives"→"logic"，调入"与"门（and2）、"异或"门（xor）、输入端口（input）、输出端口（output）等元件，可在"Name"文本框中直接输入元件的名字，也可在元件库中直接寻找，调入元件，见图2.12。

（4）连接各元件并命名

选中工具栏中的正交节点按钮，光标自动变成十字形连线的状态，移动光标到门电路的输入端，连接点出现蓝色的小方块，单击鼠标左键，即可看到连线生成。输入信号的名称，将这些元件进行连接，构成半加器，如图2.13所示。

（5）保存文件

单击保存文件按钮，将设计好的半加器原理图存于已建立好的工作目录中。

（6）编译

选择菜单"Processing"→"Start Compilation"，或者单击工具栏按钮▶，即启动了完全编译，编译完成后，系统会将有关的编译信息显示在窗口中，见图2.14，其中包括警告和出错信息。若有错误，则根据提示再做相应的修改，并重新编译，直到没有错误提示为止。

（7）建立矢量波形文件

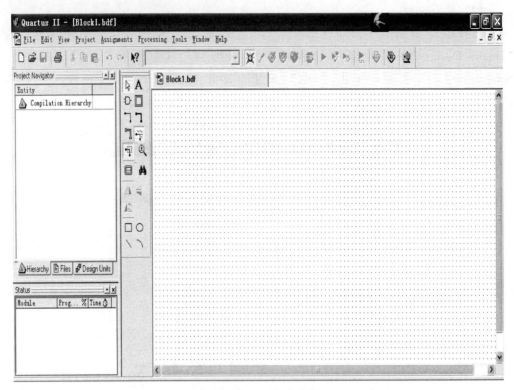

图 2.10 输入元件对话框

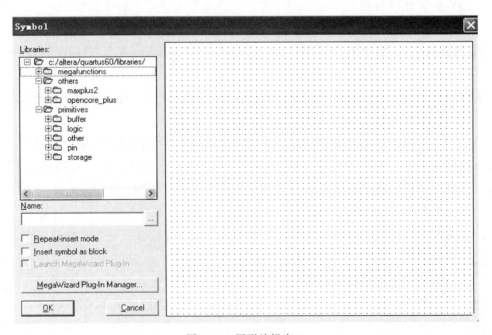

图 2.11 图形编辑窗口

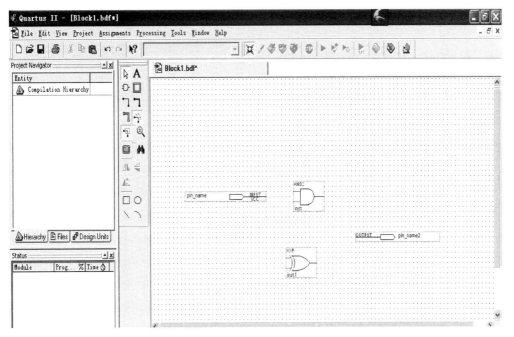

图 2.12 调入元件

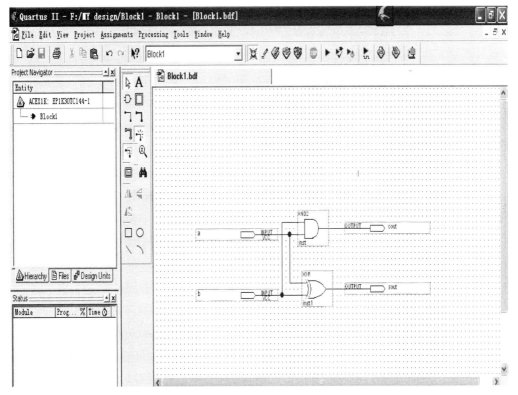

图 2.13 半加器

选择菜单命令"File"→"New"，在"New"窗口中选择"Other Files"标签

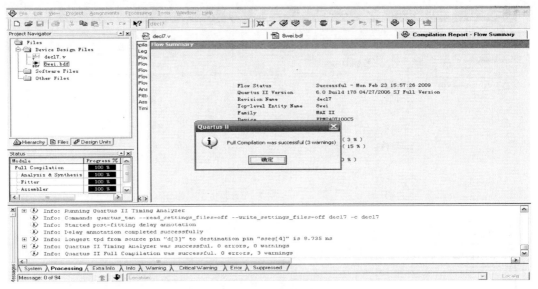

图 2.14　编译信息

中的"Vector Waveform File"选项，如图 2.15 所示。单击"OK"按钮完成建立。

图 2.15　建立矢量波形文件

（8）添加引脚与节点

在图 2.16 所示的窗口中选择"Insert Node or Bus…"，会出现如图 2.17 的窗口，选择"Node Finder…"，弹出图 2.18 所示的窗口。

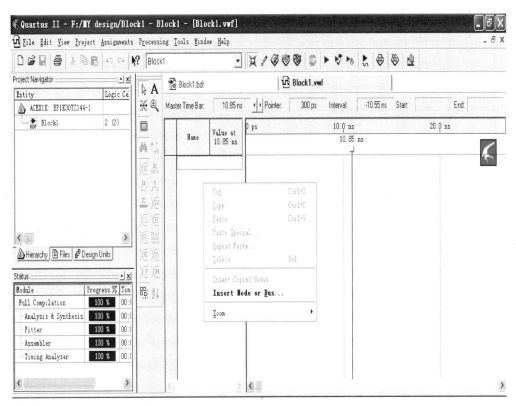

图 2.16　添加引脚与节点

图 2.17　插入的引脚与节点参数

在图 2.18 中单击按钮"List"，然后单击按钮"≫"，再单击"OK"按钮，就可以把节点加入到波形编辑器中，结果见图 2.19。

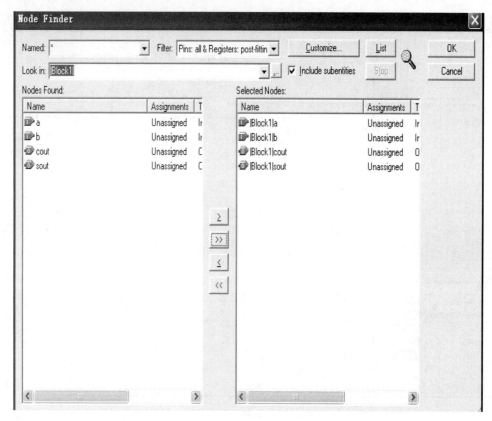

图 2.18 引脚与节点选择

（9）仿真

在通常设计中，应先做功能仿真来验证逻辑的正确性，后做时序仿真来验证时序是否符合要求。

① 功能仿真。如图 2.19 所示，选择菜单命令 "Assignments" → "Settings"，会弹出 "Settings" 对话框，在 "Settings" 对话框中单击左侧栏中的 "Simulator Settings" 选项，在 "Simulation mode" 下拉菜单中选择 "Functional" 选项，单击 "OK" 按钮完成设置。

设置完成后，需要生成功能仿真网络表，选择菜单命令 "Processing" → "Generate Functional Netlist"，自动创建功能仿真网络表。最后单击 "OK" 按钮进行功能仿真。

② 时序仿真。Quartus Ⅱ 中默认的仿真为时序仿真。

选择菜单命令 "Edit" → "End Time"，出现图 2.20 所示的窗口。可以在 "Time" 对话框中设置仿真时间。

选择菜单命令 "Edit" → "Grid Size"，出现图 2.21 所示的窗口。选中 "Time Project" 选项，设置仿真时每格的时间。

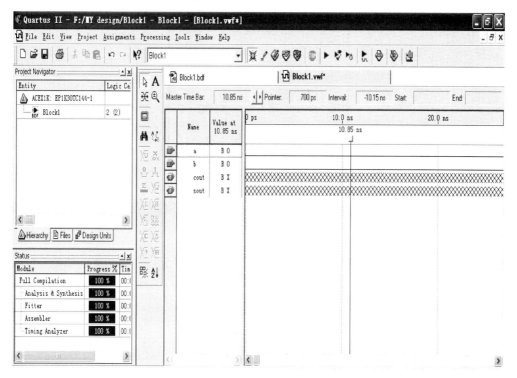

图 2.19　添加引脚与节点结果

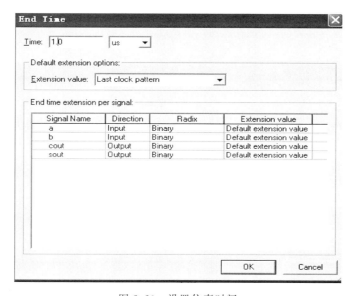

图 2.20　设置仿真时间

仿真结果如图 2.22 所示。

（10）引脚分配和下载

引脚分配是为了能对所设计的工程进行硬件测试，将 I/O 信号锁定在器件确定的引脚上。选择菜单命令"Assignments"→"Pin Planner"，出现图 2.23 所示的

图 2.21　设置仿真每格时间

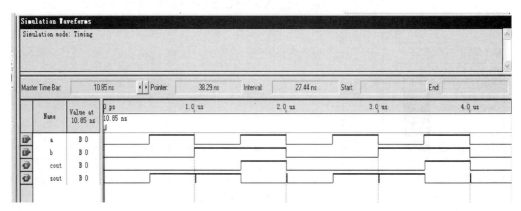

图 2.22　仿真结果

窗口，双击表格里面的标签"Location"，可以选择目标引脚的位置，最后完成引脚分配。

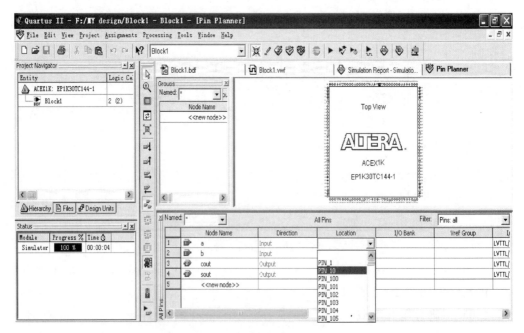

图 2.23　引脚分配与下载

（11）下载验证

下载验证是将本次设计所生成的文件通过计算机下载到实验箱里，来验证此次设计是否符合要求。

① 编译。分配完管脚后，必须再次编译，才能存储这些引脚锁定的信息。单击编译按钮后，若编译器件由于引脚的多重功能出现问题，需要在"Assignments"菜单下选择"Device"选项，在弹出的对话框里单击"Device and Pin Options…"按钮，出现对话框，在"Dual-Purpose Pins"选项下进行设置。

② 配置下载电缆。选择菜单命令"Tools"→"Programmer"，在弹出窗口中单击"Hardware Setup…"按钮，弹出"配置下载电缆"对话框，见图2.24，单击"Add Hardware…"按钮，在"Hardware type"栏中选择"USB-blaster""Byte-Blaster MV or ByteBlasterⅡ"，最后单击"OK"按钮，设置完成。

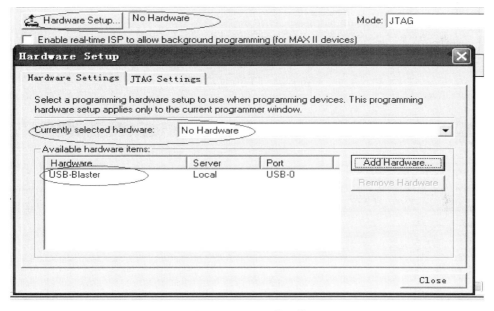

图2.24　配置下载电缆

③ JTAG 模式下载。JTAG 模式是软件的默认下载模式，相应的下载文件为".sof"格式。单击"Add File…"按钮，浏览添加相应的".sof"文件，在相应的"Program/Configure"项上打勾，单击"Start"按钮下载程序，见图2.25。

④ Active Serial Programming 模式下载。Active Serial Programming 模式的下载文件为".pof"格式。在图2.26 中的"Mode"下拉列表里，选择"Active Serial Program-ming"，然后浏览添加相应的".pof"文件，在相应的"Program/Configure"项和"Verify"项上打勾，单击"Start"按钮下载程序。

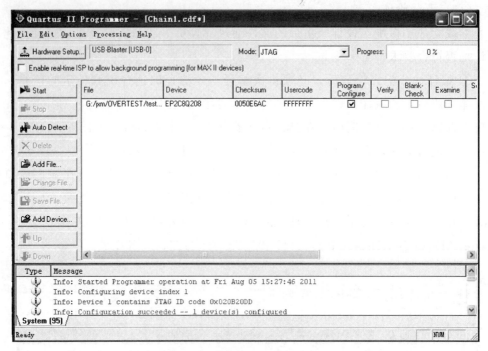

图 2.25　JTAG 模式下载

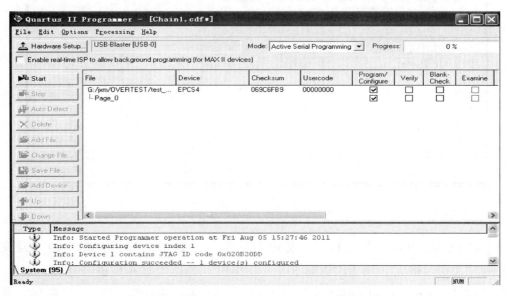

图 2.26　选择 Active Serial Programming 模式下载

（三）使用分析工具分析

1. 使用 RTL Viewer 分析综合结果

在综合结束后，设计者经常会希望看到综合后的原理图，以分析综合结果是否与所设想的设计一致，这样就会用到 RTL Viewer 和 Technology Map Viewer 这两个工具。

（1）打开方法

执行菜单命令："Tools" → "Netlist" → "RTL Viewer"。

注意：在这之前必须已经执行过综合或全编译。

（2）列表项含义

[Instances]，即实例，是指设计中能扩展为低层次的模块或实例。

[Primitives]，即原语，是指不能被扩展为低层次的底层节点。用 Quartus Ⅱ自带综合器综合时，它包含的是寄存器和逻辑门；而用第三方综合工具综合时，它包含的是逻辑单元。

[Pin]，即引脚，是当前层次的 I/O 端口。

[Nets]，即网线，是连接节点（包括实例、源语和引脚）的网线。

（3）放大与缩小视图

[Fit in Window]：视图适应当前窗口大小，在空白处单击右键，选择 "Zoom" → "Fit in Window" 命令，快捷键：ctrl＋W。

[Fit Selection in Window]：放大当前选择到适应窗口，空白处单击右键，选择 "Zoom" → "Fit Selection in Window" 命令。快捷键：ctrl＋shift＋W。

（4）过滤原理图

选中任意一节点，单击右键，选择 "Filter" 命令。参数选项如下。

[Sources]，即源，指过滤出所选节点或端口的源端逻辑。

[Destinations]，即目标。

[Sources&Destinations]，即源和目标。

[Selected Nodes&Nets]，所选结点和网线，过滤出已经选择的节点和网线。

[Between Selected Nodes] 所选节点之间的逻辑。

注意：在过滤后可以通过单击工程区左侧工具栏按钮回到过滤前的原理图，或者单击左侧列表项，查看其他层次的原理图。

（5）打开不同层次的模板

双击所选模块可以进入下一层次（或空白处单击右键，选择 "Hierarchy Down"），单击工程区左侧工具栏按钮回到上一层次（或空白处单击右键，选择 "Hierarchy Up"）。

（6）定位到其他工具

空白处单击右键，选择 "Locate"，在子菜单中分别有定位与各种工具的选项，当前所选项会定位到所选工具中。

（7）查找节点或网线

空白处单击右键，选择 "Find"，查找节点或网线。

（8）设置原理图分页

选择菜单命令 "Tools" → "Options"，然后选择 "Category" 中的 "Rtl/

Technology Map Viewer"。参数选项如下：

[Nodes per page]：设置每面多少个节点；

[Ports per page]：设置每面多少个端口或引脚数。

如果"RTL/Technology Map Viewer"超过了所设定的值，就会自动分成一个新的页面。可以单击原理图空白区，选择"go to"命令，填入页数，到达自己需要的页面。

2. 创建原理图

选择菜单命令"File"→"Creat/Update"→"Creat Symbol Files for Current File"，生成".bsf"格式的图元文件，见图 2.27。

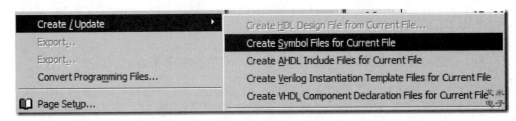

图 2.27　新建图元

如出现图 2.28 的提示，即表示创建成功。可以在"Project"栏里看到出现已经生成的文件。这样在以后的原理图设计中就可以将其作为一个模块直接调用。

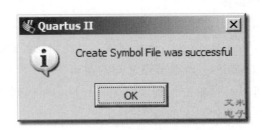

图 2.28　创建成功

3. 使用 Tcl 文件分配管脚

① 打开 Tcl 文件，在用户区修改所要使用的管脚，见图 2.29。

② 选择菜单命令"Tools"→"Tcl Scripts"，单击"Run"按钮。见图 2.30。

③ 单击编译按钮 ▶ ，即可批量实现管脚分配。

二、　原理图输入法设计 4 位全加器

一个 4 位全加器可以由四个 1 位全加器构成，加法器间的进位可用串行方式实现，即将低位加法器进位输出与相邻的高位加法器的进位输出信号相接。全加器的

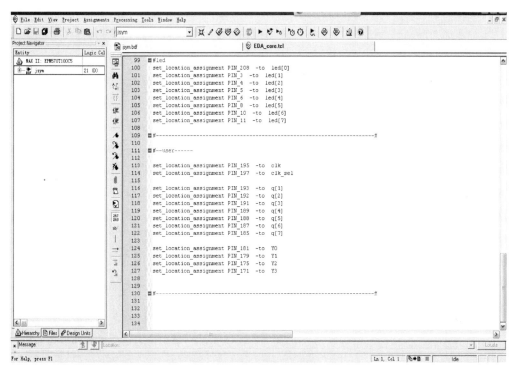

图 2.29 修改管脚

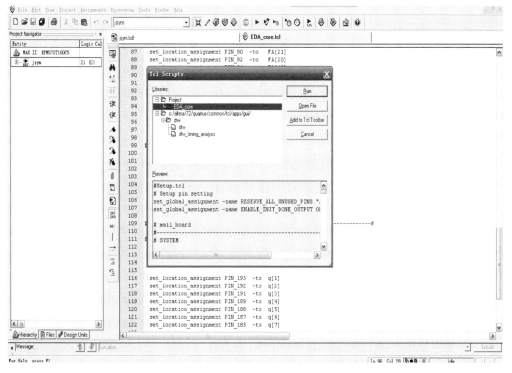

图 2.30 使用 Tcl 文件分配管脚

逻辑表达式为：

$$S=A \oplus B \oplus C_i$$
$$C_o=AB+BC_i+AC_i$$

其中 S 为本位和，C_o 为向高位的进位。

（一） 软件设计

建立名为 adder4 的工程项目，见图 2.31。

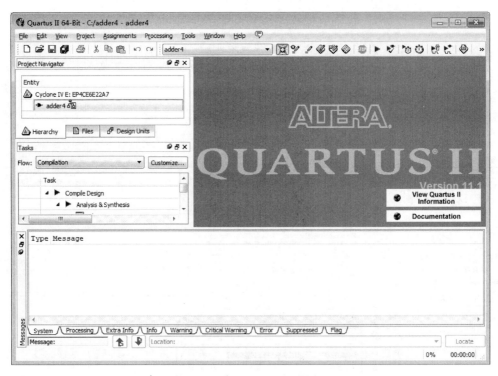

图 2.31　建立 adder4 工程项目

建立底层原理图文件 adder.bdf，并在原理图编辑器内输入 1 位全加器。按照前面介绍的方法与流程，完成 1 位全加器的设计。图 2.32 所示为 1 位全加器电路。

对上述文件建立图元符号。选择菜单命令"File" → "Creat/Update" → "Creat Symbol Files for Current File"，生成 ".bsf" 的图元文件。生成的图元符号在顶层设计中作为模块使用。见图 2.33。

建立一个更高的原理图设计层次，取名为 adder4.bdf。双击鼠标左键，在弹出对话框中的 "Project" 栏中选择生成的图元符号。图 2.34 所示为 4 位全加器电路，由 1 位全加器作底层文件，4 位全加器作顶层文件，将四个 1 位全加器的原件按照低位加法器的进位输出与相邻的高位加法器的进位输入信号连接。单击▶按钮进行编译。编译无误后，可进行仿真或者下载操作。

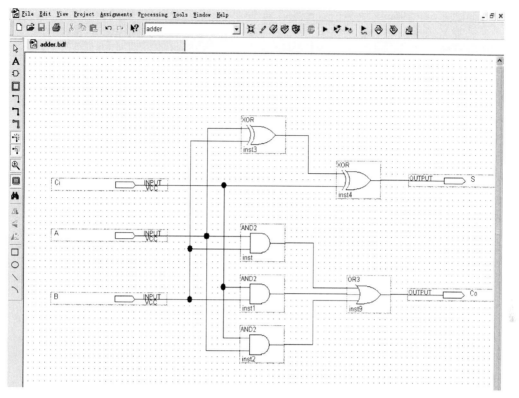

图 2.32 1位全加器电路

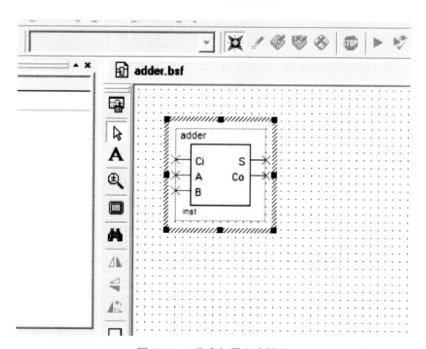

图 2.33 1位全加器电路图元

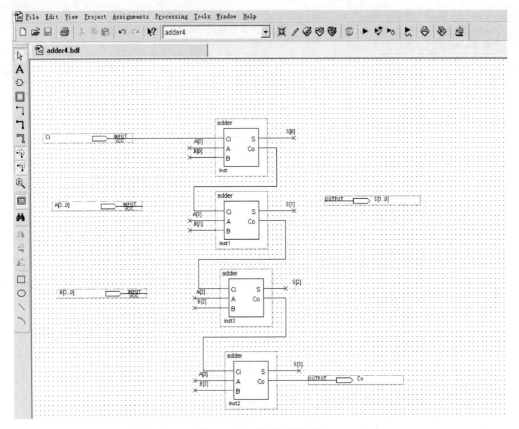

图 2.34　4 位全加器电路

（二）仿真及硬件测试

按照前面所述建立仿真文件，设置好仿真文件的输入，观察输出。图 2.35 所示为 4 位全加器仿真结果。

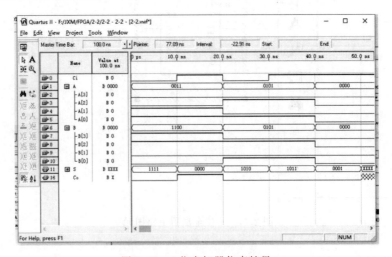

图 2.35　4 位全加器仿真结果

当输入 CIN＝0，A＝0011，B＝1100 时，无进位信号输出，且输出 S＝1111。当 CIN＝1，其他输入保持不变时，进位输出信号 COUT＝1，且 S＝0000。当 CIN＝0，且 A＝0101，B＝0101 时，无进位输出，且输出 S＝1010。当进位输入 CIN＝1 时，同样无进位输出，此时 S＝1011。由以上分析可知仿真结果正确，表明电路原理图正确。

硬件验证首先要进行原理图的管脚锁定，将输入信号、输出信号分配到具体管脚，采用高电平输出作为进位信号的输入，八位本位输入信号采用两个四位二进制控制按键来进行按键输入。全加器的进位输出信号可采用高电平驱动二极管的方式显示进位端口有信号输出。四位二进制的本位相加和采用数码管方式来显示。结果现象：当按动按键时数码管上数值依次加一，当同时将两个四位二进制数增加到最大值时，数码管上显示"FF"。此时若使用单独的高电平作为进位信号，数码管上数值显示变为"00"，相对应的是连接进位输出的二极管被点亮。

三、 原理图输入法设计抢答器

本抢答器的原理是：三人抢答一个问题，一个人抢答到之后，其他人抢答无效。本设计要求用基本逻辑门实现。

（一） 软件设计

抢答器需要用触发器来实现保存的功能，在设计触发器的时候需要注意：用"或非"门的时候是高电平有效（R 为置 0 端，S 为置 1 端）。用"与非"门的时候是低电平有效。本实验采用的是"或非"门。原理图如图 2.36 所示。

实验箱上的按键是按下去为 0，正常时为 1。抢答之前先清零，Q 端输出为 0，nQ 端输出为 1，这时通过"与非"门（有 0 出 1，全 1 出 0）输出为 0，三个"或非"门的输出端有一个端口为 0，A、B、C 三人开始抢答，例如 A 先抢答，那么与 A 相连的触发器的 S 端输入为 1，此时此触发器 Q 端输出为 1，nQ 端输出为 0，通过"与非"门输出为 1，其他的两个"或非"门（全 0 出 1，有 1 出 0）输出为 0，再抢答无效。电路图见图 2.37。

通过 Quartus Ⅱ软件对本设计仿真，可以验证本设计的逻辑正确性。在信号抢答成功后，RS 触发器输出的 nQ 端信号经过"与非"门闭锁其他输入信号，直至由裁判发出复位信号 CLR 来重置电路状态。

（二） 管脚分配及硬件测试

按照图 2.38 连接电路，将下述引脚描述加入管脚分配文件：

set ＿ location ＿ assignment PIN ＿ 2 -to A

set ＿ location ＿ assignment PIN ＿ 3 -to B

set ＿ location ＿ assignment PIN ＿ 4 -to C

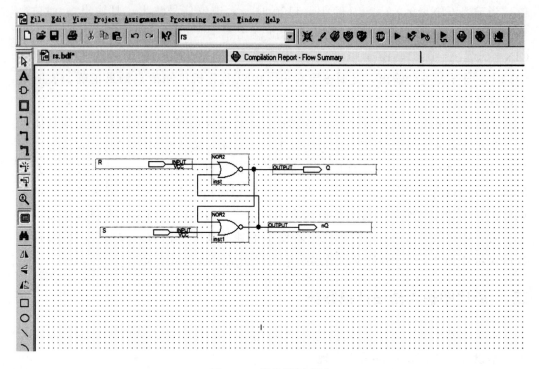

图 2.36　触发器原理图

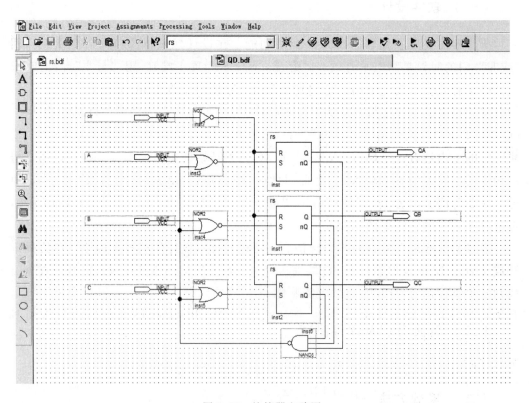

图 2.37　抢答器电路图

set _ location _ assignment PIN _ 15 -to CLR

set _ location _ assignment PIN _ 52 -to QA

set _ location _ assignment PIN _ 53 -to QB

set _ location _ assignment PIN _ 54 -to QC

将编译后生成的 .POF 文件通过 USB-blaster 下载到 CPLD 开发板中，注意下载模式选择 JTAG。

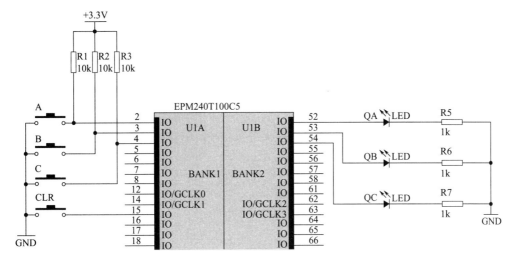

图2.38　抢答器接线图

图2.39 为一个三人抢答器参考电路，三人抢答一个问题，一个人抢答到之后，其他人抢答无效，此抢答器具有限时的功能，只在规定的时间内抢答有效，规定的时间外抢答无效，采用触发器实现，采用"或非"门，高电平有效（R 为置 0 端，S 为置 1 端），本电路图增加了计数译码部分，可以实现限时功能。其中 A、B、C 是三个抢答端，CLR 是清零端，CLK 是脉冲输入端。

四、　原理图输入法设计计数译码显示电路

（一）　设计方案

通常这种电路不会采用单个电路实现，而是通过多个模块级联的方式实现最终功能。框图如图 2.40 所示。

74LS192 是 4 位可预置的十进制同步加/减计数器，可以扩展成其他进制的计数器，具有输入清除端，在本实验中计数器可采用 Quartus Ⅱ 里面的自带模块 74192，译码显示电路采用软件 Quartus Ⅱ 里面自带的模块 74248。它是 BCD→七段显示译码/驱动器，原理图如图 2.41 所示。

（二）　实现方法

① 创建 Quartus 工程，建立原理图文件，按照图 2.41 所示把 74192 扩展成八

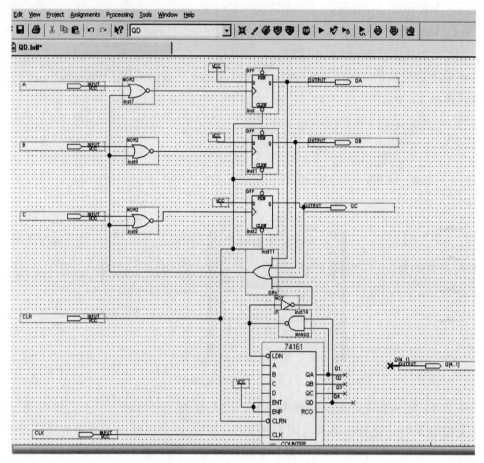

图 2.39 三人抢答器参考电路

图 2.40 计数显示框图

进制的计数器,并将计数器的输出信号进行 BCD 译码,驱动 LED 数码管。

② 按照图 2.42 连接电路,将下述引脚描述加入管脚分配文件:

set _ location _ assignment PIN _ 2 -to CK

set _ location _ assignment PIN _ 3 -to CLR

set _ location _ assignment PIN _ 52 -to Q0

set _ location _ assignment PIN _ 53 -to Q1

set _ location _ assignment PIN _ 54 -to Q2

set _ location _ assignment PIN _ 55 -to Q3

set _ location _ assignment PIN _ 56 -to Q4

set _ location _ assignment PIN _ 57 -to Q5

set _ location _ assignment PIN _ 58 -to Q6

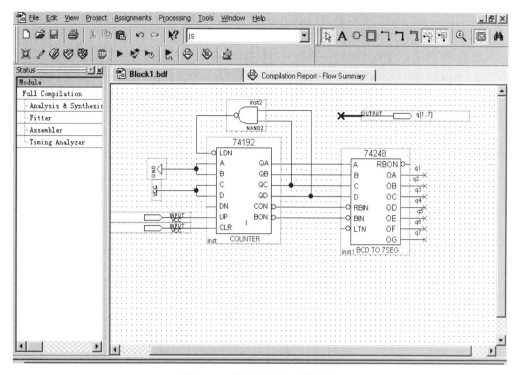

图 2.41 译码显示电路原理图

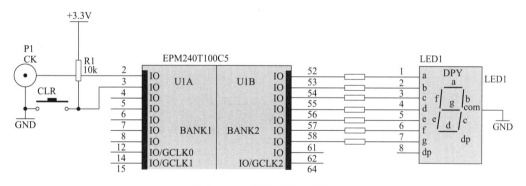

图 2.42 电路连接图（部分）

③ 将编译后生成的 ".POF" 文件通过 USB-blaster 下载到 CPLD 开发板中，注意下载模式选择 JTAG。在 CK 端子上输入 TTL 电脉冲，LED 数码管将进行加计数显示。

一、叙述 EDA 的 FPGA/CPLD 设计流程、涉及的 EDA 工具及其在整个流程中的作用。

二、图形文件设计结束后一定要通过什么来检查设计文件是否正确？

三、可编程逻辑器件设计输入方法有哪些?

四、Quartus 编译器编译 FPGA 工程最终生成两种不同用途的文件,分别是什么? 它们的作用是什么?

五、FPGA 设计过程中的仿真有哪三种?

六、什么是 IP?

七、Quartus 设计过程中,如何进行引脚分配? 方法有哪几种?

项目3

用Verilog HDL设计组合逻辑电路

一、相关知识

（一）Verilog HDL 的基本词法规定

1. 标识符（Identifiers）

标识符由字母（a～z，A～Z）、数字（0～9）、下划线（＿）和符号"＄"组成，用于唯一地标识 Verilog HDL 对象（object），即标识符就是对象名。对象名可以是模块名、输入输出信号、模块实例名等。注意：标识符是区分大小写的。

以下是几个合法的标识符：

Count

COUNT   //Count 和 COUNT 是不同的

＿A1＿d2   //以下划线开头

R56＿68

以下是几个不合法的标识符：

30count   //非法:标识符不允许以数字开头

out*   //非法:标识符不允许包含字符 *

标识符的首字母必须是字母或下划线。对象名的命名对于理解代码功能、提高程序的可读性和可维护性非常重要，一般标识符是描述性的，命名时应该尽量做到"见文知意"。一般情况下希望用一致的命名规则，例如：对复位信号采用一致的命名方式，如 rst。

2. 关键字（Keywords）

在 Verilog HDL 语言内部已经使用的词称为关键字或保留字，这些关键字或保留字是 Verilog HDL 标准定义的标识符。如 module、endmodule 等。需注意的是，所有关键字都是小写的，用户不能随便使用 HDL 关键字命名任何信号或变量。

3. 空白符（White space）

空白符包括空格符（＼b）、制表符（＼Tab）和换行符三种，在 Verilog HDL 中可以自由使用，用于分割代码中的标识符。合理使用空白符，对代码进行合理排版，可以显著提高程序的可读性。注意：在代码编写过程中，尽量避免使用 TAB 键，不同编辑器中对 TAB 键的设置不一致，可能会引起代码的混乱。Verilog HDL 程序可以不分行，也可以加入空白符，采用多行编写。

例如：

Initial begin ina＝3′b001;inb＝3′b001;end

这段程序等同于下面的书写形式：

```
Initial
    Begin          //加入空格、换行等，使代码错落有致，提高可读性
        Ina＝3′b001；
        Inb＝3′b001；
End
```

4. 注释（Comments）

在 Verilog HDL 程序中有两种形式的注释。

· 单行注释：以"//"开始到本行结束，不允许续行。

· 多行注释：也称为块注释，以"/＊"开始，到"＊/"结束，其中的多行内容会被认为是注释内容，在仿真或者综合时会被忽略。注意：多行注释不允许嵌套。

除了写在程序中间的注释，一般在每个文件的开始给出一个文件头作为注释，一般情况下，文件头注释会包括法律声明、文件名、作者、模块功能和主要特征描述、文件创建日期、修改历史记录（包括日期、修改者姓名）等信息。

建议尽量使用英文注释，因为目前个别的编译器不支持中文注释。

5. 数值表示

Verilog HDL 支持两种格式的数值表示方式：指明位宽的数字和不指明位宽的数字。

（1）指明位宽的数字

指明位宽的数字的表示形式为：＜size＞′＜base format＞＜number＞。

＜size＞用于指明数字的位宽，只能用十进制数表示。＜base format＞表示基数，合法的基数包括 d 或者 D（十进制）、b 或者 B（二进制）、o 或者 O（八进制）、h 或者 H（十六进制）；＜number＞用连续的阿拉伯数字 0～9 以及字母 a～f，具体可以采用哪些 number 与基数有关。另外，在书写中，十六进制中的 a 到 f 不区分大小写。

下面是一些合法的表示：

```
8′b11000101      //位宽为八位的二进制数 11000101
8′hd5            //位宽为八位的十六进制数 d5
5′o27            //5 位八进制数
4′D2             //4 位十进制数 2
4′B1X＿01         //4 位二进制数  1X01
5′Hx             //5 位 x 即 xxxxx
4′Hz             //4 位 z 即 zzzz
8□′h□2A   /＊在位宽和"′"之间，以及进制和数值之间允许出现空格，但
```
"′"和进制之间，数值之间是不允许出现空格的，比如 8′□h2A，8′h2□A 等形式

都是不合法的 * /。

下面是一些不正确的书写整数的例子：

4'd-4　　//非法：数值不能为负，有负号应放在最左边

(3+2)'b10　　//非法：位宽不能为表达式。

（2）不指明位宽的数字

如果在数字说明中没有指定基数，默认为十进制数；如果没有指定位宽，则默认的位宽与仿真器/综合器使用的计算机有关（最小为32位）。举例如下：

2346　　//32位宽的十进制数2346

43 _ 5.1e2　　　//科学计数法其值为43510.0

9.6E2　　　　//科学计数法，960.0（e与E相同）

5E _ 4　　　　　//科学计数法，0.0005。

下面是不正确的书写例子：

2.　//非法：小数点两侧都必须有数字。

Verilog HDL语言定义了实数转换为整数的方法，实数通过四舍五入被转换为最相近的整数。例如：

42.446，42.45　　//若转换为整数都为42

92.5，92.699　　//若转换为整数都为93

−15.62　　　//若转换为整数为-16

−26.22　　　//若转换为整数为-26。

在书写和使用数字中需注意以下一些问题。

① 在较长数之间可用下划线分开，如16'b1010 _ 1101 _ 0010 _ 1001。

下划线符号"_"可以随意用在整数或实数中，其本身没有意义，只是用来提高可读性；但数字的第一个字符不能是下划线"_"，下划线也不可以用在位宽和进位处，只能用在具体的数字之间。

② x（或z）在二进制中代表1位x（或z），在八进制中代表3位x（或z），在十六制中代表4位x（或z），其代表宽度取决于所有的进制。例如：

8'b1001xxxx；　　　//等价于8'h9x

8'b1001zzzz；　　　//等价于8'haz

③ 如果没有定义一个整数的位宽，其宽度为相应值中定义的位数。例如：

　　'0721　　　//9位八进制数

　　'hAF　　　//8位十六进制数

④ 如果定义的位宽比实际的位数长，通常在左边填0补位。但如果最左边一位为x或z，就相应地用x或z在左边补位。例如：

10'bx0x1　　//左边补x，xxxxxxx0x1

如果定义的位宽比实际的位数小，那么最左边的位相应的被截断。例如：

　　　3'b1001 _ 0011　　//与3'b011相等

　　　5'HOFFF　　　//与5'H1F相等

⑤ "?"是高阻态z的另一种表示符号。在数字的表示中，字符"?"和Z（或

z）是完全等价的，可互相代替。

⑥ 整数可以带符号（正负号），并且正、负号应写在最左边。负数通常表示为二进制补码的形式。

⑦ 在位宽和"'"之间，以及进制和数值之间允许出现空格，但"'"和进制之间以及数值之间是不允许出现空格的。

6. 字符串（Strings）

字符串是双引号内的字符序列。字符串不能分为多行书写，即不能包含回车符。例如：

"INTERNAL ERROR"，"this is an example for Verilog HDL"。

字符串中的特殊字符必须用字符"\"来说明，如：

\n	//换行符
\t	//Tab 键
\	//字符"\"本身
\"	//双引号
\206	//八进制数 206 对应的 ASCⅡ值

整数型常量是可以综合的，而实数型和字符串型常量是不可综合的。

（二）Verilog HDL 的数据类型

在硬件描述语言中，数据类型（DATA TYPE）用来表示数字电路中的物理连线、数据存储和传送单元等物理量。

Verilog HDL 中共有 19 种数据类型，包括 wire 型、reg 型、integer 型、parameter 型、large 型、medium 型、scalared 型、time 型、small 型、tri 型、trio 型、tril 型、triand 型、trior 型、trireg 型、real 型、vectored 型、wand 型、wor 型。

在程序运行过程中，可以改变取值的量即为变量，Verilog HDL 支持两种类型的变量：线网和寄存器。

注意：在高级程序设计语言中，变量指程序运行过程中其值可以改变的量。在 Verilog HDL 中，虽然延续了 variable 这个名称，但其含义与传统编程语言中的变量的含义有很大不同。

1. 四值逻辑系统

Verilog HDL 有以下 4 种逻辑值状态。

- 0：低点平、逻辑 0 或逻辑非；
- 1：高点平、逻辑 1 或真；
- X 或 x：不确定或未知的逻辑状态；
- z 或 Z：高阻态。

Verilog HDL 中的常量在上述 4 类逻辑状态中取值，其中 X 和 Z 都不区分大小写，也就是说，值 0x1z 与 0X1Z 是等同的。

2. 线网

线网（net）类型变量对应于实际物理器件中的连接线，其特点是输出的值随输入的变化而变化。Verilog HDL 代码中，线网类型的变量可以作为连续赋值语句的输出，也可以作为不同模块之间的连接信号。线网类型的变量不能存储值，因此它必须由驱动器驱动。对连线型有两种驱动方式，一种方式是在结构描述中将其连接到一个门元件或模块的输出端，另一种方式是用持续赋值语句 assign 对其进行赋值。线网类型的变量如果没有驱动信号连接，仿真时变量会显示为高阻（z），而在综合过程中则会被综合软件优化掉，不会出现在实际电路中。最常见的线网类型变量使用关键字 wire 进行声明。wire 型变量的定义格式如下：

wire 数据 1，数据 2，…，数据 n

例如：

    wire a，b；   //定义了两个 1 位宽 wire 型变量 a 和 b

3. 寄存器

寄存器型变量与高级程序语言（如 C 语言）中的变量相似，通过赋值语句可以改变寄存器型变量的值。从综合的角度讲，线网型变量对应于实际物理元件（模块）之间的连接线，但寄存器类型的变量不一定会对应实际的物理元件。

寄存器型变量采用关键字 reg 声明，多数情况下寄存器型变量对应的是具有状态保持作用的电路元件，如触发器、寄存器等。寄存器型变量与 net 型变量的根本区别在于：寄存器型变量需要被明确的赋值，并且寄存器型变量在被重新赋值前一直保持原值。在设计中必须将寄存器型变量放在过程语句（如 initial、always）中，通过过程赋值语句赋值。另外，在 always、initial 等过程块内被复制的信号都必须定义成寄存器型。从综合的角度讲，在 always 块中被赋值的寄存器类型变量不一定对应于存储元件，也可能对应于某组合逻辑电路的输出端。

寄存器型变量的声明类似 wire 型，格式如下：

reg 数据 1，数据 2，…，数据 n。

例如：reg a，b；//声明 a 和 b 为 1 位宽 reg 类型的变量。

4. 向量

线网和寄存器类型的变量可以声明为向量（位宽大于 1），如果没有指定位宽，则默认为标量（位宽为 1）。例如：

wire a；   //声明 a 为标量线网变量；

wire [7：0] in，out；   //声明两个 8 位 wire 型向量 in 和 out；

reg [0：n-1] busC；   //声明 busC 为 n 位宽的寄存器变量。

方括号中左边的数总是代表向量的最高有效位。在上面例子中，向量 in、out 的最高位为第 7 位，busC 的最高有效位为第 0 位。

对于已声明的向量，可以引用它的某一位或者若干相邻位。例如：

busA［0］　//向量 busA 的第 0 位；

in［2：0］　//向量 in 的低 3 位；

busC［0：1］　//向量 busC 的高 2 位，如写为［1：0］则非法，高位应写在范围说明的左侧。

除了使用常量指定向量域外，verilog HDL 还支持指定可变的向量域。设计者可以通过 for 循环语句动态地选取向量的各个域。例如：

byte=data1[31-：8]；//从第 31 位算起，位宽为 8 位，相当于 data1［31：24］

byte=data1[24+：8]；//从第 24 位算起，位宽为 8 位，相当于 data1［24：31］

在 verilog HDL 中允许声明 reg 或 wire 型向量以及标量数组，对数组的维数没有限制。数组中的每个元素可以是标量或者向量。例如：

reg［4：0］port_in［0：7］；　//由 8 个 5 位宽的向量组成的数组，数组的每个元素为 5 位宽向量。

（三）Verilog HDL 的语法结构

Verilog HDL 本身是一门复杂的语言，语法结构丰富。以半加器为例，半加器的真值表和逻辑表达式如下：

输入		输出	
a	b	sum	co
0	0	0	0
0	1	1	0
1	0	1	0
1	1	0	1

$sum = \bar{a} \cdot b + a \cdot \bar{b}, co = a \cdot b$

半加器具有两个输入端 a 和 b，两个输出端 sum 和 co。半加器的一种 Verilog HDL 描述如下：

```
module   half_adder_beh1 (a，b，sum，co)；//模块及端口定义
input   a，b；    //模块模式声明部分，声明信号 a 和 b 为输入端
output   sum，co；    //模块模式声明部分，声明信号 sum 和 co 为输出端
wire   a，b；//信号类型声明，声明信号 a，b 为寄存器类型
wire   sum，co；
wire   temp0，temp1；//内部信号声明
assign   temp0=（～a）&b；//连续赋值语句
```

```
    assign   temp1＝a&(～b);
    assign   sum＝temp0｜temp1;
    assign   co＝a&b;
endmodule
```

从语法结构上来说，Verilog HDL 与 C 语言非常接近，但论述的对象却完全不同。C 语言（包括其他一些高级程序设计语言）用于描述顺序执行的算法，C 语言程序会被汇编为机器指令，最终在处理器上运行；Verilog HDL 用来描述数字电路，数字电路本质上是并行的。所以从硬件电路角度理解、分析 Verilog HDL 程序是最好的方式。

与传统的编程语言（如 C 语言）不同，Verilog HDL 不能按照传统的编程语言的思路和方法去理解和分析，必须从电路结构的角度去分析、理解和设计 HDL 代码。

（四）Verilog HDL 的程序框架

Verilog HDL 程序的基本设计单元是"模块"（module）。无论是简单的逻辑门，还是复杂的数字系统，在 Verilog HDL 中都是模块。

Verilog HDL 模块的程序框架模板如下（这里主要用于逻辑综合的模块结构，利用逻辑模拟的模块结构）。

```
module＜顶层模块名＞  （＜输入输出端口列表＞）;
input   输入端口列表;        //输入端口声明
output   输出端口列表;        //输出端口声明
/＊定义数据，信号的类型，函数声明，用关键字 wire，reg，task 等定义＊/
wire   信号名;
reg   信号名;
//逻辑功能定义
assign＜结果信号名＞＝＜表达式＞;    //使用 assign 语句定义逻辑功能
//使用 always 块描述逻辑功能
//调用其他模块
＜调用模块名＞  ＜例化模块名＞（＜端口列表＞）//门元件例化
门元件关键字＜例化门元件名＞（＜端口列表＞）
always@(＜敏感信号表达式＞)
  begin
    //过程赋值
    //if-else
    //case
    //while，repeat，for 循环语句
    //task，function 调用
```

```
end
endmodule
```

下面一段代码是 Verilog HDL 代码设计的一个例子：

```
module and（A，B，F）；//模块名为 port_name（端口列表 in1，in2，out1，out2）
    input A，B；              //模块声明
    output F；
    wire A，B，F；          //定义信号的数据类型
    assign F＝A&B；          //逻辑功能描述
endmodule；
```

通过上面的例子可以看出来，Verilog HDL 模块结构完全嵌在 module 和 end-module 关键字之间。每个模块实现特定的功能，模块可进行层次的嵌套，因此可以将大型的数字电路设计分割成大小不一的小模块来实现特定的功能，最后通过由顶层模块调用子模块来实现整体功能，这就是 Top-Down 的设计思想。关键字 module 后面括号中的内容被称为端口列表（port list），端口列表给出模块与外界相互联系的 I/O 接口信号。模块名的定义需符合 Verilog HDL 关于标识符命名的规定。端口列表中需列出所有的 I/O 信号，I/O 信号之间采用逗号分隔。在其后的端口声明（port declaration）中使用关键字 input、output 以及 inout 说明端口是输入、输出，还是双向信号。端口声明之后还会包括内部信号声明，声明模块中使用的线网（wire）或者寄存器（reg）类型的变量。Verilog HDL 模块的主体部分（body）常包括三种类型的语法结构：连续赋值语句、模块实例和过程赋值语句。

1. 端口声明方法

模块声明包括模块名字、模块输入、输出端口列表。

模块定义格式如下：

　　　　module（模块名）（端口 1，端口 2，端口 3，……）；

模块结束的标志为关键字：endmodule。

模块的输入输出端口格式：

```
input     端口 1，端口 2，……端口 N；    //输入端口
output    端口 1，端口 2，……端口 N；    //输出端口
inout     端口 1，端口 2，……端口 N；    //输入/输出端口
```

端口是模块与外界或其他模块连接和通信的信号线，对于端口应注意以下几点：

- 每个端口除了要声明是输入、输出，还是双向端口外，还要声明其数据类型是连线型（wire）还是寄存器型（reg），如果没有声明，则综合器将其默认为 wire 型；
- 输入和双向端口不能声明为寄存器型；
- 在测试模块中不需要定义端口。

2. 信号类型声明方法

对模块中所用到的所有信号（包括端口信号、节点信号等）都必须进行数据类型的定义。Verilog HDL 语言提供了各种信号类型，分别模拟实际电路中的各种物理连接和物理实体。

下面是定义信号数据类型的几个例子：

```
reg   cout;                    //定义信号 cout 的数据类型为 reg 型
reg［3：0］out;                 //定义信号 out 的数据类型为 4 位 reg 型
wire A，B，C，D；//定义信号 A，B，C，D 为 wire（连线）型
```

3. 程序主体

一个可综合的 Verilog HDL 程序的主体只包含 3 种语法结构：连续赋值语句、always 块（结构化过程语句）和模块实例，这些语法结构可以重复出现多次。每种结构可以理解为一个子电路，恰好符合硬件电路并行本质。

（1）连续赋值语句

连续赋值语句采用关键字 "assign" 作为开始，赋值操作符（＝）左侧信号表示组合逻辑电路的输出，右侧表示输入。

如：assign F＝~((A&B)｜(~(C&D)))；

从仿真角度讲，连续赋值语句并行执行，只要赋值表达式中的某个变量发生变化，该表达式就会被重新计算，并将计算结果赋值给赋值符号左侧变量。如果有多个赋值语句，语句并行执行，语句顺序不会影响仿真及综合结果。

（2）always 块

always 块中除了用过程赋值语句，还可以使用 if 语句、case 语句等顺序执行。always 块是 verilog HDL 语句中最灵活的语法结构，也是最常用的语法结构。例如：

```
always@(posedge clk)//每当 clk 上升沿到来时执行一遍 begin-end 块内的语句
  begin
    if(reset)out＜＝0；
    else   out＜＝out＋1；
  end；
```

本例中用了 "if-else" 语句来表达逻辑关系。

采用 "assign" 语句是描述组合逻辑最常用的方法之一。而 always 块既可以用于描述组合逻辑，也可描述时序逻辑。

（3）模块实例

调用元件的方法类似于在电路图输入方式下调入图形符号来完成设计，通过高层次模块中实例化预先定义的低层次子电路或者子模块，可以非常容易地实现层次

化设计思路。后面章节会对模块实例化进行详细讨论。

4. 内部信号声明

程序主体包括可选的内部信号声明部分，内部信号声明部分用来声明 Verilog HDL 模块内部可能会用到的内部信号，这些内部信号通常作为不同子模块直接的连接线。例如：

wire temp0，temp1；//内部信号声明

内部信号声明有几个特点：

① 中所有过程块（如 initial 块，always 块）、过程赋值语句、实例引用都是并行的；

② 过程块表示的是一种通过变量名互相连接的关系；

③ 在同一个模块中三者出现的顺序没有固定先后关系；

④ 只有连续赋值语句 assign 和实例引用语句可以独立于过程块而存在于模块中。

以上四个特点与 C 语言有很大的不同，许多与 C 语言类似的语句只能出现在过程块中。

（五）结构级描述

从设计方法学的角度看，数字电路设计有两种基本的设计方法：自底向上和自顶向下。在自顶向下的设计方法中，系统架构师根据设计说明将整个设计划分为接口清晰、相互关系明确的子系统，子系统在规模和复杂性上比原系统会有所下降，不同的子系统由不同设计团队完成，如果某些子系统比较复杂，还可将子系统划分为更简单的子系统。在自底向上的设计方法中，首先对现有的功能进行分析，然后使用这些模块来搭建规模较大的功能块，因此仅需知道顶层模块。无论是自底向上还是自顶向下的设计方法，其思想都是对复杂的问题进行划分，将其转化为多个简单的问题进行处理，都属于层次化的设计思想。

Verilog HDL 通过模块实例语句支持层次化设计思想。从本质上讲，模块实例语句描述的是电路的结构，因此这种风格的代码被称为结构级描述。

通过两个半加器和一个"或"门可以实现全加器电路，见图 3.1。

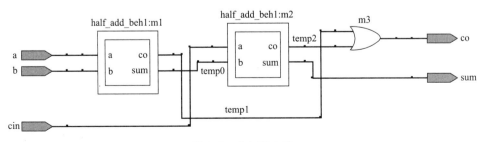

图 3.1 全加器电路

图 3.1 中，half_adder_beh1 表示模块名，是半加器模块，m1 表示实例名，其余类推。

代码如下：

```
module fulladd (a, b, cin, sum, co);
input a, b, cin;
output sum, co;
wire temp0, temp1, temp2;
half_add_beh1 m1(.a(a),.b(b),.sum(temp0),.co(temp1));//模块实例
语句
half_add_beh1 m2(.a(cin),.b(temp0),.sum(sum),.co(temp2));
my_or m3(co,temp2,temp1);
endmodule
```

其中包括了三个模块实例语句，第一个模块实例语句 half_adder_beh1 m1(.a(a),.b(b),.sum(temp0),.co(temp1))在模块 full_adder_str 中，模块 half_adder_beh1 相当于"黑盒"，其功能不在模块 full_adder_str 中定义。

注意：上面的端口连接方式称为命名端口连接，命名端口连接并不关注信号的连接顺序，即端口连接顺序可与端口定义时不一致。

Verilog HDL 支持另一种端口连接方式：顺序端口连接。例如：上面两个模块实例语句可以等价修改为：

half_adder_beh1 m1(a,b,temp0,temp1);

half_adder_beh1 m2(cin,temp0,sum,temp2);

顺序端口连接方式中，被实例模块（底层模块）的端口名并不出现在实例语句中，只是将高层次模块中的实际信号按照相对顺序列在端口连接列表，这种连接方式看上去更简单，但更容易犯错误，尤其当模块包含的端口信号较多时。例如，由于某种原因需要对模块进行改进时修改了端口顺序，那么所有的被实例语句都需要进行改正，这极大地增加了出错的机会。

第三个模块实例语句：my_or m3(co, temp2, temp1) 中，my_or 并未定义。

my_or 模块的 verilog HDL 描述如下：

```
module my_or (a, b, y)
input a, b;
output y;
assign y＝a \ b;
endmodule
```

（六）门级描述

数字电路中最基本的逻辑单元称为逻辑门（gate）。传统的数字设计中，设计

者通过逻辑门构造数字系统。Verilog HDL 预先定义了基本逻辑门，称为逻辑门原语（primitives）。通过逻辑门原语，设计者可以按照传统的设计方法设计数字系统。门级原语的实例过程与模块实例过程几乎完全一样，区别在于门级原语的逻辑功能预先定义，用户无需自己定义。

Verilog HDL 共支持 14 个逻辑原语，可以分为 4 类：多输入逻辑门（multiple-input gates）、多输出逻辑门（multiple-output gates）、三态门以及门延迟（pull gates）。在这里介绍常用的前 3 类。

（1）多输入逻辑门

Verilog HDL 支持的多输入逻辑门共有 6 个："与"门（and）、"与非"门（nand）、"或"门（or）、"或非"门（nor）、"异或"门（xor）、"同或"门（nxor），这些逻辑门的符号如图 3.2 所示。

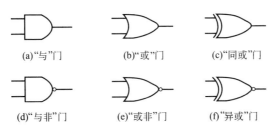

图 3.2 常用逻辑门符号

门级原理的实例化只支持顺序端口连接。对于多输入端逻辑门，端口列表的第一个信号被识别为输出，其余信号被识别为输入。

多输入逻辑门实例如下：

wire out，in1, in2, in3；//注意：逻辑门只支持顺序端口连接

and a1(out,in1,in2)；

nand u1(out,in1,in2)；

or u2(out,in1,in2)；

nor u3(out,in1,in2)；

xor u4(out,in1,in2)；

nxor u5(out,in1,in2)；

（2）多输出逻辑门

Verilog HDL 支持两个多输出逻辑门：缓冲门（buf）和非门（not），其电路符号见图 3.3。多输出逻辑门也只支持顺序端口连接，端口列表的最后一个信号被识别为输出，其余信号被识别为输入。

多输出逻辑门实例如下：

buf b1(out1,out2,in)；

not n1(out1,in)；

（3）三态门

(a) 非门　　　(b) 缓冲门

图 3.3　多输出逻辑门

Verilog HDL 支持 4 个三态门：bufif1、bufif0、notif1、notif0。控制信号有效时，三态门才能传递数据；如果控制信号无效，输出为高阻。只支持顺序端口连接，端口列表的最后一个信号被识别为控制信号，倒数第二个被识别为输入，其余为输出信号。

三态门实例方法：

bufif1 b1(out,in,ctrl)；//三态缓冲器

notif1 n1(out,in,ctrl)；//三态反相器

（4）门延迟

前面我们所描述的电路都是无延迟的（即零延迟）。然而在实际电路中，任何一个逻辑门都具有延迟。Verilog HDL 允许用户通过门延迟来说明逻辑电路中的延迟；此外，用户还可以指定端子到端子的延迟，这部分内容将在后面进行讨论。

在 VerilogHDL 门级原语中，有三种输入到输出的延迟。

① 上升延迟：在门的输入发生变化的情况下，门的输出从 0、x、z 变化为 1 所需的时间，称为上升延迟。

② 下降延迟：门的输出从 1、x、z 变化为 0 所需的时间，称为下降延迟。

③ 关断延迟：门的输出从 0、1、x 变化为高阻抗 z 所需要的时间。

另外，如果一个值变化到不确定值 x，则所需的时间可以看作是以上三种延迟值中最小的那个。

在 Verilog HDL 中，用户可以使用三种不同的方法来说明门的延迟。如果用户只指定了一个延迟值，那么对所有类型的延迟都使用这个延迟值；如果用户只指定了两个延迟值，则它们分别代表上升延迟和下降延迟，两者中的较小者为关断延迟；如果用户只指定了三个延迟值，则它们分别代表上升延迟、下降延迟和关断延迟。如果未指定延迟值，那么默认延迟为 0。

例如：

and # （delay_time）a1 （out, i1, i2）；//三种延迟都等于 delay_time 所表示的延迟时间

and# （rise_val, fall_val）a2 （out, i1, i2）；//说明了上升延迟和下降延迟时间

bufifo# （rise_val, fall_val, turnoff_val）b1 （out, i1, control）；//说明了上升延迟、下降延迟和关断延迟

assign#2B＝A；//表示 B 信号在两个时间单位后得到 A 信号的值。

在 Verilog HDL 中，所有时延都必须根据时间单位进行定义，定义方式为在文

件头添加如下语句：

′timescale 1ns /100ps

其中′timescale 是 Verilog HDL 提供的预编译处理命令，1ns 表示时间单位是 1ns，100ps 表示时间精度是 100ps。根据该命令，编译工具可以认知♯2 为 2ns。

使用′timescale 命令可以在同一个设计里包含采用了不同时间单位的模块。如果在同一个设计里包含有多个′timescale 命令，则用最小的时间精度来决定仿真的时间单位。另外时间精度至少要和时间单位一样精确。

二、 项目实施

（一） 用门级电路描述一个全加器

全加器的门级实现原理如图 3.4 所示。门级描述与原理图输入方式没有本质区别，只是描述方法不同。注意：门级描述并不是 Verilog HDL 的主要设计方式，多数情况下设计者并不会采用这种设计方式。

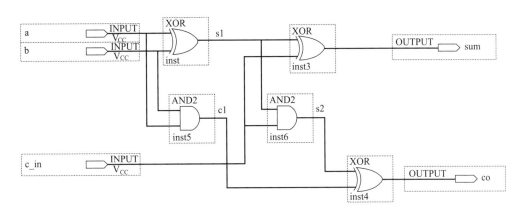

图 3.4　全加器的门级实现原理

描述代码如下：

```
module fulladd（sum，co，a，b，c＿in）；
input a，b，c＿in；
output sum，co；
wire s1，c1，c2；
xor u1(s1,a,b)；
and u2(c1,a,b)；
xor u3(sum,s1,c_in)；
and u4(c2,s1,c_in)；
xor u5(co,c2,c1)；
endmodule
```

（二） 用门级描述方法描述 2 选 1 数据选择器

用门级描述方法描述 2 选 1 数据选择器的代码如下，其原理见图 3.5。

```
module mux2_1 (out，a，b，sel)；
output out；
input a，b，sel；
not(sel_,sel)；
and(a1,a,sel_)；
and(a2,b,sel)；
or(out,a1,a2)；
endmodule
```

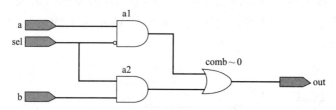

图 3.5　2 选 1 数据选择器的门级实现原理

根据以上方法，描述 4 选 1 数据选择器，图 3.6 为其原理图，在描述代码中的"?"部分填出其代码。

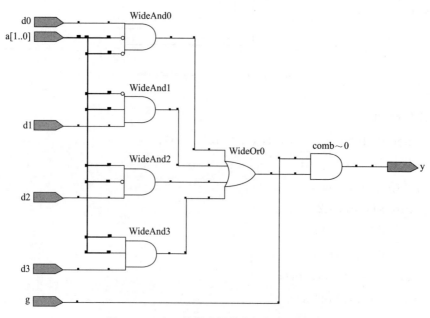

图 3.6　4 选 1 数据选择器的门级实现原理

```
module mux4_1(y,d0,d1,d2,d3,g,a);
  output y;
  input d0，d1，d2，d3；
  input g；
  input [1：0]a；
  wire nota1，nota0，x1，x2，x3，x4；
  not(nota1,a[?]);
  not(nota0,a[?]);
  and（x1，d0，nota1，nota0）;
  and(x2,d1,?,a[0]);
  and(x3,d ?,a[1],nota0);
  and(x4,d ?,a[?],a[?]);
  or（y1，x1，x2,?，x4）;
  and（y，y1,?）;
endmodule
```

练一练

一、填空题

1. Verilog HDL 程序的基本设计单元是_____。

2. Verilog HDL 是对_____描述的语言。

3. Verilog HDL 模块结构完全嵌在_____和_____关键字之间。

4. 每个 Verilog HDL 程序包括四个主要部分：_____、_____、_____、_____。

5. 模块声明包括_____、_____、_____。

6. _____是模块与外界或其他模块连接和通信的信号线。

7. 每个端口如果没有声明，则综合器将其默认为_____型。

8. 输入和双向端口不能声明为_____型。

9. 对模块中所用到的所有信号都必须进行数据类型的_____。

10. 模块中最核心的部分是_____。

11. Verilog HDL 程序由各种符号流构成，这些符号包括_____、_____、_____、字符串、注释、标识符、关键字等。

12. 在 Verilog HDL 代码中，空白符包括_____、_____、_____、_____。

13. 在 Verilog HDL 程序中有两种形式的注释_____、_____。

14. 所有关键字都是_____写。

15. 在程序运行过程中其值不能被改变的量称为_____。

16. 当数字不说明位宽时，默认值为_____位。

17. _____是最常用的连线型变量。

18. wire型数据常用来表示以_____语句复制的组合逻辑信号。

19. 单目运算符可带_____操作数。

20. 敏感信号表达式是_____。若有两个或两个以上的敏感信号时，他们之间用_____连接。

21. 对模块中所用到的所有信号都必须进行_____的定义。

22. Verilog HDL中的多数过程模块都从属于以下两种语句：_____、_____。

23. 过程赋值语句多用于对_____进行赋值。

24. 在硬件描述语言中，数据类型是用来表示数字电路中的_____、_____和_____等物理量。

25. 程序运行过程中，可以改变取值的量为_____。

26. 若干个相同宽度的向量构成_____。

27. 用_____类型变量可构成寄存器和存储器。

28. Verilog HDL语言如果按运算符所带操作数的个数来区分，运算符可分为_____、_____、_____。

二、 选择题

1. 在 Verilog HDL 代码中，空白符包括（　　）。

A. 空格　　　　　　B. TAB　　　　　　C. 换行符　　　　　　D. 换页符

2. 在 Verilog HDL 程序中有几种形式的注释（　　）。

A. 1　　　　　　　B. 2　　　　　　　C. 3　　　　　　　D. 4

3. Verilog HDL 没有下列哪种逻辑值状态（　　）

A. 有效值　　　　　B. 无关值　　　　　C. X 或 x　　　　　D. Z 或 z

4. 下面字符串书写不正确的是（　　）。

A. \n //换行符　　B. \t //Tab 键　　C. \\ //字符"\"本身　　D. \" //双引号

5. 对高级编程语言结构，不可以使用的有（　　）。

A. 条件语句　　　　B. 情况语句

C. 重复语句　　　　D. 循环语句

6. 基本逻辑门没有（　　）。

A. and　　　　　　B. in　　　　　　　C. or　　　　　　　D. nand

7. 可采用下列哪三种不同方式或混合方式对设计建模（　　）。

A. 行为描述方式——使用过程化结构建模

B. 数据流方式——使用连续赋值语句方式建模

C. 结构化方式——使用门和模块实例语句描述建模

D. 数据流方式——使用连续赋值语句方式建模

8. 设计能够在多个层次上加以描述，不包括（　　）。

A. 从开关级　　　B. 门级　　　　C. 寄存器传送级（RTL）　　　D. 乘法级

9. 模型类型没有（　　）。

A. 系统级　　　　B. 算法级　　　　C. RTL级（寄存器传输级）D. 与门级

10. 以下一段代码：

  module HalfAdder（A，B，Sum，Carry）；

   input A，B；

   output Sum，Carry；

   assign #2 Sum＝A^B；

   assign #5 Carry＝A&B；

  endmodule

从此代码可看出整个模块是以（　　）开始的。

A. module　　　　B. endmodule　　C. bfdfsfhg　　　　　D. assign

11. 缩位运算符是（　　）算符。

A. 单目　　　　　B. 等式　　　　　C. 逻辑　　　　　　D. 移位

12. 寄存器型变量包括（　　）。

A. 2　　　　　　　B. 4　　　　　　　C. 3　　　　　　　D. 5

13. 如果没有定义一个（　　）的位宽，其宽度为相应之中的位。

A. 实数　　　　　B. 整数　　　　　C. 函数　　　　　　D. 常数

14. 条件语句有if-else语句和（　　）语句两种。

A. case　　　　　B. casez　　　　　C. if　　　　　　　D. forever

15. 缩位运算符与（　　）符的逻辑运算法则一样。

A. 位运算　　　　B. 移位运算　　　C. 逻辑运算　　　　D. 双目运算

16. 加、减、乘、除运算符都属于（　　）运算符。

A. 双目　　　　　B. 单目　　　　　C. 三目　　　　　　D. 四目

17. 模块内容是嵌在（　　）和（　　）两个关键字之间。

A. module　　　　B. wire　　　　　C. trior　　　　　　D. endmodule

18. 模块主要部分不包括（　　）。

A. 模块声明　　　B. 端口定义　　　C. 信号类型声明　　D. 逻辑门定义

19. 端口（port）定义格式不正确的是（　　）。

A. input 端口1，端口2，…，端口N；

B. output 端口1，端口2，…，端口N；

C. input [2:0] a，端口2，…，端口N；

D. inout 端口1，端口2，…，端口N；

20. reg [3:0] out；//定义信号 out 的数据类型为（　　）位 reg 型。

A. 2　　　　　　　B. 3　　　　　　　C. 4　　　　　　　D. 5

21. Verilong HDL 模块结构完全镶在 module 和（　　）关键字之间。

A. endmoudule　　　B. input　　　　C. inout　　　　　　D. output

22. 用 assign 持续赋值语句定义（　　　）。

A. 用于语组合逻辑的赋值　　　　　　　　B. 称为持续赋值方式

C. 调节元件在电路图中的输入方式　　　　D. 调节元件的方式描述电路的结构

23. 空白符包括（　　　）、TAB、换行和换页。

A. 空格　　　　　　B. 空白　　　　　C. 符号　　　　　D. 代码

24. 下面的是合法的标识符的有（　　　）。

A. count　　　　　　B. out *　　　　　C. 30count　　　　D. Relrda

25. （　　　）进制在a与f到x和z一样，不区分大小写。

A. 2　　　　　　　B. 10　　　　　C. 16　　　　　D. 8

26. 当数字不说明位宽时，默认值为（　　　）位。

A. 10　　　　　　B. 18　　　　　C. 32　　　　　D. 12

27. Verilong HDL 包括（　　　）种数据类型。

A. 12　　　　　　B. 19　　　　　C. 13　　　　　D. 11

28. Verilog HDL 语言提供了丰富的运算符，按功能分类可以分为（　　　）类。

A. 6　　　　　　　B. 9　　　　　C. 4　　　　　D. 8

29. Verilog HDL 语言提供了丰富的运算符，按运算符所带操作数的个数来区分，可分为（　　　）类。

A. 5　　　　　　　B. 7　　　　　C. 3　　　　　D. 2

30. "+- * /%" 属于（　　　）运算符。

A. 单目运算符　　　B. 双目运算符　C. 三目运算符　　　D. 求模运算符

31. "&&" 表示逻辑（　　　）。

A. 与　　　　　　　B. 非　　　　　C. 或　　　　　D. 或非

32. 两个不同长度的数据进行运算时，会自动地将两个操作数（　　　）对齐。

A. 按左端　　　　　B. 按右端　　　C. 按前端　　　　　D. 按后端

33. 下列运算符不属于双目运算符的是（　　　）。

A. +　　　　　　　B. -　　　　　　C. &　　　　　　D. *

34. Verilog HDL 中有（　　　）种逻辑状态。

A. 0　　　　　　　B. 5　　　　　C. 1　　　　　D. 4

三、判断题

1. 在一个模块中，使用 initial 和 always 语句的次数是不受限制的。　　（　　）

2. Initial 过程块中的语句可执行多次。　　　　　　　　　　　　　　（　　）

3. 常用的算术运算符仅包括：+、-、*、/四种。　　　　　　　　　（　　）

4. 两个不同长度的数据进行位运算时，会自动将两个操作数按右端对齐。

（　　）

5. 在进行关系运算时，如果声明的关系是假，则返回值为1。　　　（　　）

6. 缩位运算符与位运算符的逻辑运算法则完全一样。　　　　　　　（　　）

7. 连线型数据的输出值不跟随输入的变化而变化。　　　　　　　（　　）

8. wire 型信号可以用作任何表达式的输入，也可用做任何表达式的输出。

　　　　　　　　　　　　　　　　　　　　　　　　　　　　　（　　）

9. 在特殊情况下单行注释允许续行。　　　　　　　　　　　　　（　　）

10. 输入和双向端口可声明为寄存器型。　　　　　　　　　　　　（　　）

11. Verilog HDL 程序的基本设定单元是"硬件"。　　　　　　　（　　）

12. 端口是模块与外界或其他模块连接和通信的信号线。　　　　　（　　）

13. 模块最核心的部分是逻辑功能定义。　　　　　　　　　　　　（　　）

14. Verilog HDL 程序必须要分行，但是可以加入空白符采用多行编写。

　　　　　　　　　　　　　　　　　　　　　　　　　　　　　（　　）

15. Verilog HDL 中的标识符中的第一个字符必须是字母或下划线。（　　）

16. Verilog HDL 中的标识符不区分大小写。　　　　　　　　　　（　　）

17. Verilog HDL 中的常量主要包括：实数、虚数、整数。　　　　（　　）

18. 在 Verilog HDL 中的关键字都是小写的。　　　　　　　　　（　　）

19. 字符串是双引号内的字符序列，字符串不能分多行书写。　　　（　　）

20. 在 Verilog HDL 代码中，空白符包括：空格、TAB、换行和换页。（　　）

21. 每个 Verilog HDL 程序包括四个部分：模块声明，端口定义，信号类型说明和逻辑功能描述。　　　　　　　　　　　　　　　　　　（　　）

22. 模块声明包括模块名字、模块输入、输出端口列表。　　　　　（　　）

23. 输入和双向端可以声明为寄存器型。　　　　　　　　　　　　（　　）

24. "assign" 语句一般用语组合逻辑的赋值，称为持续赋值方式。（　　）

25. Verilog HDL 程序可以不分行，也可以加入空白符采用多行编写。

　　　　　　　　　　　　　　　　　　　　　　　　　　　　　（　　）

26. 在 Verilog HDL 程序中只有一种形式的注释。　　　　　　　（　　）

27. Verilog HD 中的标识符可以是任意一组字母、数字、下划线以及符号 $ 。

　　　　　　　　　　　　　　　　　　　　　　　　　　　　　（　　）

28. 在程序运行过程中其值可以被改变的称为常量。　　　　　　　（　　）

29. 如果没有定义一个整数的位宽，其宽度为相应值的位数。　　　（　　）

30. 如果定义的位宽比实际的位数大，那么最左边的位相应的被截断。（　　）

31. 在表达式中可任意选中寄存器的一位或相邻几位，分别称为位选择和域选择。　　　　　　　　　　　　　　　　　　　　　　　　　　（　　）

32. 若干个不同宽度的向量构成数组，也就是存储器。　　　　　　（　　）

33. 数据类型（DATA TYPE）是来表示数字电路中的物理连线、数据存储和传送单元等物理量的。　　　　　　　　　　　　　　　　　　（　　）

34. 寄存器类型包括 wire 型、reg 型、time 型。　　　　　　　　（　　）

35. 如果操作位数不止一位的话，则相应的操作数作为一个整体来对待。即操作数全为 0，则相当于逻辑 0。　　　　　　　　　　　　　　（　　）

36. 在进行关系运算时，如果声明的关系是假，则返回值是1。 （　　）

37. Verilog HD 的移位运算符只有两个： 左移和右移。 （　　）

38. 敏感信号可以分为两种类型： 一种为边沿敏感型， 一种为电平敏感型。

（　　）

39. forever 循环语句连续不断地执行后面的语句或语句块，常用来产生周期性的波形， 作为仿真激励信号。 （　　）

制作电子跑表

一、 相关知识

（一） 七段数码管

七段数码管是在 FPGA 控制电路中经常使用的显示设备，由 7 个发光二极管和内部电路组成，一般用于显示数字和简单的字符。本项目中主要讲解独立封装的七段数码管的应用。不管是独立封装的、二位一体的、三位一体的，还是四位一体的七段数码管，都有共阴极七段数码管和共阳极七段数码管之分，它们的外形一样，如图 4.1 所示。需要显示数字时，只需要对应的二极管发光即可。例如，要使用数码管显示 2，则只需要 a、b、g、e、d 对应的发光二极管导通发光；当用 FPGA 来控制数码管时，只需要用 FPGA 的 7 个引脚分别与 a、b、c、d、e、f、g 发光二极管相连，当 FPGA 的 I/O 口分别输出高低不同的电平时，数码管就显示不同的数字或字符，下面分别介绍。

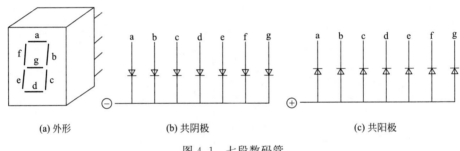

(a) 外形　　　　　(b) 共阴极　　　　　(c) 共阳极

图 4.1　七段数码管

1. 共阴极数码管

当 7 个发光二极管的阴极通过内部电路相互连接起来形成一个公共端时，这种数码管称为共阴极数码管，当使用共阴极数码管时，需要将公共端与低电平连在一起，只需给 FPGA 引脚高电平，则对应的发光二极管就会导通点亮。

2. 共阳极数码管

当 7 个发光二极管的阳极通过内部电路相互连接起来形成一个公共端时，这种数码管称为共阳极数码管，当使用共阳极数码管时，需要将公共端与高电平连在一起，只需给 FPGA 引脚低电平，则对应的发光二极管就会导通点亮。

图 4.2 所示为七段数码管显示电路，由于电流较大，采用 MC74HC245 驱动。数码管是共阴的。当位码信号为 1 时，对应的数码管才能操作，当对应驱动信号为 0 时，对应的段码点亮。

为了方便操作，可以编写一个 IP 核，显示扫描都由硬件来完成。

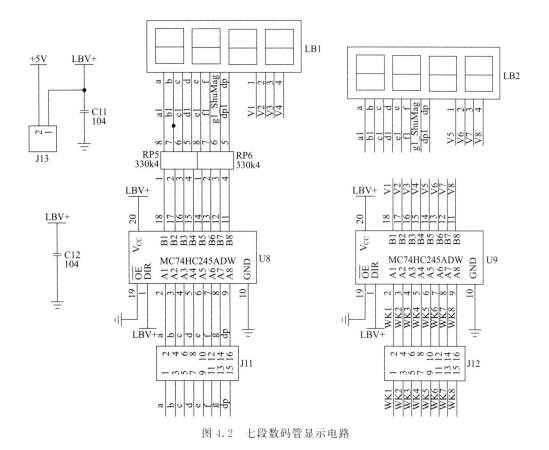

图 4.2 七段数码管显示电路

（二）时序逻辑电路

1. 时序逻辑电路概述

时序逻辑电路包含有存储元件，具有内部状态，其输出是当前输入以及电路内部状态的函数。从本质上讲，内部状态是对输入信号历史值的记忆。从结构上讲，时序逻辑电路由存储元件和组合逻辑电路组成，其中的存储元件通常采用 D 触发器构成，次态逻辑和输出逻辑都是组合逻辑。本书关注 RTL 级数字系统设计，在系统基本构架确定的情况下，组合逻辑电路的性能决定整个系统的设计，或者说，时序逻辑电路的设计问题转化为组合逻辑电路的设计，时序电路的时序分析也转化为组合逻辑电路的时序分析问题。

时序逻辑电路的实现有两种方式，一种是在组合逻辑电路中引入反馈，形成闭合的反馈环，这种结构的电路中存储元件是隐式存在，并形成电路的内部状态，存在竞争以及时序冒险隐患，此外，这种方法非常复杂，不适合自动综合。另一种方式是在电路中直接使用存储元件（比如 D 触发器等）。采用 HDL 进行设计，只要代码描述得当，综合软件一般都可以自动推断出存储元件。基本的存储元件可以分为两类：锁存器和触发器，下面只介绍 D 锁存器和 D 触发器。

D 锁存器的符号如图 4.3（a）所示，EN 和 D 分别表示 D 锁存器的控制信号和数据信号。如果 EN 置位，D 直接连接到输出 Q；如果 EN 清零，输出 Q 保持其前值不变。因为 D 锁存器的输出依赖控制信号 C 的电平，因此称 D 锁存器是电平敏感的。图 4.4 给出了基本存储元件的时序图，其中 Q＿latch 信号表示 D 锁存器的输出。注意输出数据在控制信号 EN 的下降沿是存储到锁存器。

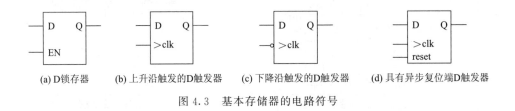

(a) D锁存器　　(b) 上升沿触发的D触发器　　(c) 下降沿触发的D触发器　　(d) 具有异步复位端D触发器

图 4.3　基本存储器的电路符号

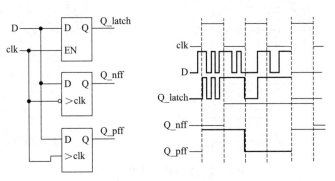

图 4.4　基本存储元件的时序图

当控制信号 ED 处于高电平时，D 锁存器的输入和输出之间是"透明的"，如果电路中存在反馈环，可能会造成竞争现象，例如图 4.5 所示电路，目的是交换两个锁存器的内容，但是该电路存在竞争问题，如果控制信号 EN 置位，锁存器的输入和输出之间完全透明，从而无法保证第二个锁存器的输出一定是第一个锁存器的输出。另外，采用 D 锁存器设计时序电路时，时序分析可能会非常麻烦，在基于 HDL 数字设计中，综合过程自动完成，很少使用锁存器作为内部电路的存储元件。

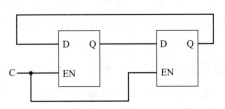

图 4.5　D 锁存器的级联存在"竞争"

上升沿触发的 D 触发器的电路符号如图 4.3（b）所示。D 触发器具有一个特殊的控制信号，称为时钟信号，图中标注为 clk。D 触发器只有在时钟从

0 变为 1（称为时钟的上升沿）时才会被激活，其他任何时刻，D 触发器的输出保持不变，即 D 触发器在时钟信号的上升沿时对输入数据进行采样，将采样结果保存到 D 触发器，并将其输出到输出端 Q。D 触发器的输出保持不变知道下一个时钟上升沿。因为 D 触发器的操作依赖于时钟沿，因此称其为边沿敏感的。图 4.4 中的 Q _ pff 是上升沿敏感的 D 触发器的输出信号。注意：时钟信号 clk 是采样控制信号，在 clk 信号的上升沿 D 触发器对输入信号采样。时序电路中时钟信号非常关键，在 D 触发器的电路符号用一个三角符号表示。

下降沿触发的 D 触发器与上升沿的 D 触发器工作方式类似，区别在于下降沿触发的 D 触发器在时钟信号的下降沿采样输入数据，其电路符号如图 4.3（c）所示，图 4.4 中的信号 Q _ nff 表示下降沿触发的 D 触发器的输出。

与基本组合逻辑电路相比，时序逻辑电路的时序更为复杂。图 4.6 给出了 D 触发器的三个主要的时序参数。

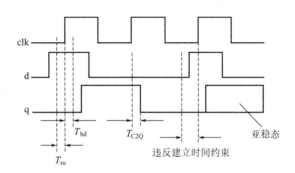

图 4.6　D 触发器的三个主要的时序参数

（1）传播延迟

与基本门电路一样，D 触发器也存在传播延迟，但是 D 触发器的传播延迟更复杂。D 触发器的输出只有在时钟上升沿时才改变，因此将从时钟有效沿开始，到输出信号获得输入信号的值为止所持续的时间称为 D 触发器的传播延迟，也称为 D 触发器的时钟到输出的传播延迟，表示为 T_{C2Q}。

（2）异步传播延迟

通常情况下，D 触发器包含异步的置位（set）和复位（reset）端。异步置位和复位端指复位和置位操作独立于时钟信号，也就是说，只要异步置位信号有效，则输出置位；异步的复位信号有效，则输出清零。如果数字逻辑器件的输入信号依赖于时钟信号，这种类型的输入信号称为同步的。如果输入信号与时钟信号无关，这种类型的输入被称为异步的。D 触发器的数据输入端总是同步的。异步置位信号到输出的延迟用 T_{S2Q} 表示。异步复位到输出的延迟用 T_{R2Q} 表示。对于同步的复位和置位信号，不需要额外定义时序参数，因此同步复位和置位到输出的延迟属于时钟到输出的延迟，可以用 T_{C2Q} 表示。寄存器还可能具有其他类型的输入信号（比如使能信号），如果信号时同步的，则不需为定义额外的传播延迟。

（3）触发器的建立时间和保持时间

除了以上定义的传播延迟和异步传播延迟，D触发器还有两个关键时序参数：建立时间和保持时间，同步输入信号在时钟有效沿到来前，在足够长的时间内必须保持稳定，保持稳定的最短时间称为寄存器的建立时间，本书用 T_{su} 表示。此外，时钟有效沿之后，输入信号必须在足够长时间内保持稳定，最短稳定时间称为 D 触发器的保持时间，一般用 T_{hd} 表示，如图 4.6 所示。

2. 时序逻辑电路分类

时序电路中时钟信号至关重要，根据时钟方案的不同，时序逻辑电路分为三类。

（1）全局同步电路

全局同步电路有时直接称为同步电路，其所有的存储元件（一般是 D 触发器）受同一个时钟信号控制。同步设计是目前设计大型、复杂数字系统最重要的设计方法。全部同步设计方法不但方便综合过程，而且可以简化验证、测试以及原型板设计过程。

（2）全局异步局部同步电路

某些物理条件的限制（比如两个器件之间的距离）可能会限制时钟信号的设计，在这种情况下，可以将一个大的系统分为几个较小的子系统，单独设计。每个子系统使用自己的时钟信号，子系统内部是同步的，因此每个子系统都是全局同步系统，其设计遵循同步时序逻辑电路的设计规则。因为不同的子系统之间是异步的，为完成不同子系统之间的连接，需要设计特殊的接口电路，以实现信号在不同子系统之间的正确传输。

（3）全局异步电路

全局异步电路不使用时钟信号控制其内部的存储元件，不同存储元件的状态切换也是独立的（同步电路存储元件的状态切换只发生在时钟有效沿）。

3. 同步时序逻辑电路

同步时序逻辑电路的结构框图如图 4.7 所示。状态寄存器由一组 D 触发器实现，所有的 D 触发器由一个全局时钟信号统一控制。寄存器的输出表示电路的内部状态。次态逻辑是组合逻辑电路，用于确定系统的次态。输出逻辑也是组合逻辑电路，用于产生系统的输出信号。注意：输出信号取决于电路的输入和电路的当前状态。

在时钟信号的上升沿，状态寄存器采样并保存次态逻辑电路输出（次态逻辑的输出连接在状态寄存器的数据输入端，时钟上升沿时已经保持稳定），经过一定时间的延迟 T_{c2Q}（寄存器时钟到输出的延迟）被传输到寄存器的输出端口，之后状态寄存器一直保持其该值不变，知道下一个时钟有效沿。寄存器保持的值，同时也是寄存器的输出值就是电路的当前状态。

根据系统的当前状态和外部输入信号，次态逻辑产生电路的次态；输出逻辑计算产生电路的输出。

在下一个时钟有效沿，新的当前状态值被采样并保存到状态寄存器，之后重复以上过程。

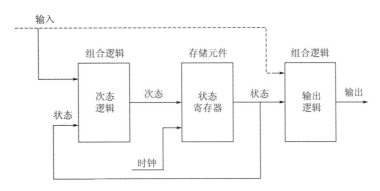

图 4.7 同步时序逻辑电路结构框图

采用同步时序逻辑电路有以下几个优势。

① 可以简化分析过程。时序逻辑电路设计的关键是设计是否满足时序约束要求（避免违反建立时间和保持时间）。当电路中包含上百甚至上千的触发器时，如果每个触发器都由独立的时钟信号控制，那么对电路的设计和分析件是异常困难的。对于同步时序逻辑电路，所有的触发器由同一个时钟信号控制，触发器对次态逻辑输出的采样也发生在同一时刻。因此，设计过程只需考虑一个存储单元的时序约束就可以了。

② 在同步时序逻辑电路结构中，组合逻辑和存储元件被清晰地区分开，设计者能非常容易地将组合逻辑电路从系统中分离出来，并将其作为常规的组合逻辑电路进行分析和设计。

③ 在同步时序逻辑电路中，输入只在时钟信号的有效沿被采样，那么组合逻辑电路的毛刺就变得无关紧要了，只要在每个时钟有效沿到来时信号稳定就可以了。时序分析只需要关注关键路径。

根据时序逻辑电路的次态逻辑的表示方法和复杂程度不同，同步时序逻辑电路大致可以分为以下三类（这种划分的方法重点考虑了基于 Verilog HDL 代码的可读性以及设计的方便性）。

① 规则时序逻辑电路。规则时序逻辑电路的状态转换过程具有规则的模式，即次态逻辑往往是规则的组合逻辑部件，如加法器和位移器等。

② 随机时序逻辑电路。随机时序逻辑电路的状态转换过程要复杂，电路的次态逻辑必须从头开始设计（也就是随机逻辑），不能使用加法器、位移器等简单电路直接实现，为了方便，本书称随机时序逻辑电路为有限状态机（FSM）。关于有

限状态机的设计，在后面将会介绍。

③ 混合时序逻辑电路。混合时序逻辑电路由规则时序逻辑电路和有限状态机组成，其中有限状态机用于控制规则时序电路。这类电路的设计都在寄存器的输出级设计上进行，混合时序电路有时也称为带数据通道的有限状态机。

（三）Verilog HDL 代码设计

1. D 锁存器

D 锁存器具体的描述如下：

```
module d_latch（c，d，q）
    input wire c，d；
    output reg q；
  always@（c,d）
    begin
      if(c)
          q=d；
    end
  endmodule
```

当 c=1 时，输入 d 的值传递给输出 q，即输入 d 和输出 q 之间是透明的。

注意：if 语句并没有使用 else 分支。根据 Verilog HDL 定义，如果 c 不等于 0，q 应该保持原值不变，这也正是本设计的意图，也可以采用 else 分支，并在 else 分支对其赋值。

2. D 触发器

现代数字设计中，使用最为广泛的存储元件就是 D 触发器，基本 D 触发器的 Verilog HDL 描述为：

```
module dff（q，d，clk）；
    output q；
    input d，clk；
    reg q；
  always @（posedge clk）    //注意与组合逻辑电路使用的电平敏感的敏
                            感列表的区别。
  begin q<=d；
      end
    endmodule
```

触发器只能由 always 块实现，边沿敏感的触发器（寄存器）的描述与组合逻辑电路 always 块主要有两点不同：敏感列表和复制方式。

敏感列表中 posedge 是 Verilog HDL 的关键字，表示上升沿，下降沿采用 negedge 表示，带有 posedge 或者 negedge 的敏感列表称为边沿敏感的敏感列表。描述组合逻辑电路的 always 块的敏感列表中不包含 posedge 或者 negedge，被称为电平敏感的敏感列表。关键字后紧跟的敏感信号，表示在该信号的上升沿，always 块会被激活。一般而言，出现在敏感列表中的信号只能是时钟信号或者复位和置位信号。因此，信号 d 并没有包含在敏感列表中。对于 D 触发器而言，d 信号的改变并不能引起输出 q 的改变，而只能在时钟信号 clk 的上升沿输出信号 q 才会输入 d 的值。

描述组合逻辑的 always 块中，一般只使用阻塞赋值语句，在描述触发器的 always块中使用非阻塞赋值。

以上给出的 D 触发器的描述只是示意性的，有些综合软件对这种描述方式报错，因为其并不是标准的 D 触发器。无论是集成电路的工艺库还是 FPGA 内部，D 触发器都会带有异步复位端，只要异步复位信号有效，D 触发器会被清零，清零操作独立于时钟信号，不受时钟信号控制。复位信号主要应用于系统的初始化过程。

带有异步复位信号的 D 触发器的 Verilog HDL 描述为：

```
module dff (q, d, clk, reset);
    input d，clk, reset;
    output q;
    reg q;
    always@(posedge clk;posedge reset)
        begin
            if (reset)
    q<=0;       //异步清零，高电平有效
            else
    q<=d;
            end
    endmodule
```

除了异步复位信号，D 触发器还可能带有其他的控制信号，比如使能信号。使能信号 en 有效时，D 触发器在每个时钟上升沿对 D 进行采样并传递给 q，否则保持上一次的输出值不变。

带有同步使能端的 D 触发器的 Verilog HDL 描述为：

```
module dff (q，d，clk，en，reset);
    input d，clk，en，reset;
    output q;
    regq;
    always@(posedge clk,posedge reset)
            begin
```

```
        if（reset）
            q<=0；//异步清零，高电平有效
            else if（en）
                q<=d；//同步置位，高电平有效
        end
    endmodule
```

注意：第二个 if 语句没有 else 分支，根据 Verilog HDL 定义，对于某些输出组合，如果没有对输出量进行明确赋值，那么输出变量保持不变。如果 en＝0，则 q 保持前一次值不变。因此，不采用 else 分支恰好符合 D 触发器的行为。

3. JK 触发器

JK 触发器具体的描述为：

```
module cf（clk，clr，set，j，k，q）；
    input clk，clr，set，j，k；
    output q；
    reg q；
    always@（posedge clk or negedge clr or negedge set）
            begin
              if(!clr)
                q<=0；
            else if(!set)
                q<=1；
            else case({j,k})
                    2'b00：q<=q；
                    2'b01：q<=0；
                    2'b10：q<=1；
                    2'b11：q<=~q；
                default：q<=1'bx；
            endcase
        end
endmodule
```

4. 移位寄存器

移位寄存器是时序逻辑电路，在每个时钟周期，寄存器的内容进行左移或者右移移位。

① 简单移位寄存器（方式一）。

```
module shift _ register1（a，clk，qc）
```

```
    input clk，q；
        output qc；
        reg qc；
        reg qa，qb；
    always@（posedge clk）
        begin
        qa<=a；
        qb<=qa；
        qc<=qb；
        end
    endmodule
```

② 简单移位寄存器（方式二）。

```
    module shift _ register2 （a，clk，qc）
    input clk，qc；
        output qc；
        reg qc；
        reg  qa，qb；
    always@ （posedge clk）
        begin
        qb<=qa；
        qc<=qb；
        qa<=a；
        end
    endmodule
```

③ 简单移位寄存器（方式三）。

```
    module shift _ register2(a,clk,qc)
    input clk，qc；
        output qc；
        reg qc；
        reg qa，qb；
    always@（posedge clk）
            qb<=qa；
    always@ （posedge clk）
            qc<=qb；
    always@（posedge clk）
```

```
        qa<=a;
endmodule
```

Always 块语句中，非阻塞赋值语句的书写顺序并不影响综合结果。赋值的目标信号各不相同，当然也可以使用独立的 always 块对每个变量进行赋值，比如简单移位寄存器（方式三）。但是这里要强调的是实现触发器（寄存器）的 always 块必须采用边沿敏感列表，这样才能保证综合软件给出正确的结果。上述的三种描述方式，综合结果是一致的。

④ 阻塞赋值语句与非阻塞赋值语句。

```
module shift _ register2 （a，clk，qc）
input clk，qc；
        output qc；
        reg qc；
        reg qa，qb；
always@（posedge clk）
        begin
        qc=qb；
qb=qa；
        qa=a；
        end
endmodule
```

通常情况下，描述存储元件时不建议使用阻塞赋值语句，因为阻塞赋值语句书写顺序影响综合结果。这种采用阻塞赋值语句实现的移位寄存器与前三种描述方式相比，阻塞赋值语句的顺序非常关键，如果改变赋值顺序，得到的综合结果与预期的有很大差别。

⑤ 带有使能端的移位寄存器。

```
module sreg8bit （clk，si，d，ld，reset，en，q）
        input clk，si，ld，reset，en；
        input[7:0]d；
        output[7:0]q；
        reg[7:0]q；
always@（posedge clk，negedge reset）
        begin
        if(！reset)//等价于 if（reset==0），低电平有效
          q<=8'b00000000；
        else
```

```
                    begin
                       if（en）
                q<={q[6:0,si]}; //并接操作
                       if（ld）
                q<=d;
                    end
                 end
            endmodule
```

5. 计数器

计数器（counter）是最基本的时序逻辑电路，广泛应用于各类数字系统。

① 简单的加计数器的 Verilog HDL 描述。描述如下：

```
module cnt_10（clk，q_out）;
    input clk;
    output[3:0]q_out;
    reg    [3:0]q_out;
  always@（posedge clk）
    begin
    if（q_out==9）//进制数可扩展，1~15可以任意变化
        q_out<=0;
    else
        q_out<=q_out+1;
    end
    endmodule
```

② 可加/可减计数器的 Verilog HDL 描述。该计数器有个加/减控制端 up_down，当该控制端为高电平时，实现加法计数器；为低电平时，实现减计数器。描述如下：

```
module updown_count（d，clk，clear，load，up_down，q_out）;
    input[3:0]d;
    input clk;
    input clear;
    input load;
    input up_down;
    output[3:0]q_out;
    reg[3:0]cnt;
```

```
        assign q_out＝cnt；
    always@（posedge clk）
        begin
            if(！clear)           cnt＜＝8'h00；//同步清零，低电平有效
            else if(load)         cnt＜＝d；       //同步预置
            else if（up_down) cnt＜＝cnt＋1;//加计数器
            else                  cnt＜＝cnt-1；//减计数器
        end
    endmodule
```

此计数器可以实现加减，但是进制数是固定的，是十六进制计数器，下面描述的计数器进制数是可以扩展的。

```
module jsq（clk，q，clr，load，d，ud)；
    input clk，clr，load，ud；
    input[4:0]d；
    output[4:0]q；
    reg[4:0]q；
    always@（posedge clk)
            begin
            if(！clr)//低电平清零
                q＜＝0；
            else if（load)
                q＜＝d；//高电平置位，d的值可以设定
            else if（ud）//up为高电平时为加计数
                begin
                if（q＝＝23)//进制数扩展，最大可以到31
                    q＜＝0；
                else
                    q＜＝q＋1；
                end
            else if（q＝＝0)
                    q＜＝23；
            else
                    q＜＝q-1；
            end
    endmodule
```

注意：输出端口定义的位宽决定此计数器的可扩展进制数的最大值，比如位宽定义为［3：0］，可扩展进制数的最大值为 15，也就是十六进制。以上描述的计数器 q 的位宽为［4：0］，可扩展进制数的最大值为 31，也就是三十二进制计数器。可以根据实际需要进行扩展。

③ 8 位二进制计数器的 Verilog HDL 描述如下：

```
module 8counter（cn，clr，sl，sh）；
input cn，clr；
output[3:0]sl，sh；
reg[3:0]sl，sh；//sl 为低位，sh 为高位
always @（posedge cn or posedge clr）
begin
        if（clr）//异步复位，高电平有效，如果是"！clr"，则是低电平有效
        begin
            {sh，sl}＜＝8'h00；
        end
      else if（sl＝＝9）//低位值，可进行扩展
        begin
          sl＜＝0；
          if（sh＝＝5）//高位值，可进行扩展
            sh＜＝0；
          else
            sh＜＝sh＋1；
          end
        else
            sl＜＝sl＋1；
end
endmodule
```

以上描述的是一个 60 进制的计数器，注意：对于 if 语句的表达式，可以是单句，也可以是多句，多句时用"begin-end"块语句括起来。对于 if 语句来的嵌套，若不清楚 if 和 else 的匹配，最好用"begin-end"语句括起来。

二、 项目实施

（一）计数译码电路设计

1. 计数译码电路原理图

把计数器模块和七段显示译码器模块组合起来，可以成为计数译码显示电路。

图4.8是计数译码模块原理图。

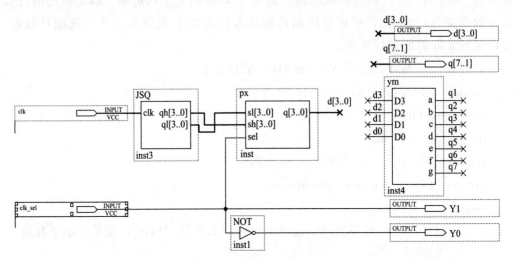

图 4.8　计数译码模块原理图

2. 模块 Verilog HDL 代码

（1）计数器 Verilog HDL 代码

```
module JSQ (clk, qh, ql);
    input clk;
    output[3:0]qh, ql;
    reg m;
    reg[3:0]qh, ql;
always@ (posedge clk)
    begin
      if (ql==4'd9)
        begin
        ql<=4'd0;
        m<=1;
        end
      else
        begin ql<=ql+1;
        m<=0;
        end
    end
always@(posedge clk)
```

```
                    begin
              if (m)
                if (qh==4'd5)
                  qh<=4'd0;
                else
                  qh<=qh+1;
              end
  endmodule
```

（2）译码器 Verilog HDL 代码

本设计采用共阴极数码管，高电平有效。

```
module ym (a，b，c，d，e，f，g，dp，D3，D2，D1，D0);
    input D3，D2，D1，D0;
    output a，b，c，d，e，f，g，dp;
    reg a，b，c，d，e，f，g，dp;
      always@ (D3，D2，D1，D0)
        begin
      case ({D3，D2，D1，D0})
        4'd0: {dp，g，f，e，d，c，b，a} =~8'hc0;        //7'b1111110;
        4'd1: {dp，g，f，e，d，c，b，a} =~8'hf9;        //7'b0110000;
        4'd2: {dp，g，f，e，d，c，b，a} =~8'ha4;        //7'b1101101;
        4'd3: {dp，g，f，e，d，c，b，a} =~8'hb0;        //7'b1111001;
        4'd4: {dp，g，f，e，d，c，b，a} =~8'h99;        //7'b0110011;
        4'd5: {dp，g，f，e，d，c，b，a} =~8'h92;        //7'b1011011;
        4'd6: {dp，g，f，e，d，c，b，a} =~8'h82;        //7'b1011111;
        4'd7: {dp，g，f，e，d，c，b，a} =~8'hf8;        //7'b1110000;
        4'd8: {dp，g，f，e，d，c，b，a} =~8'h80;        //7'b1111111;
        4'd9: {dp，g，f，e，d，c，b，a} =~8'h90;        //7'b1111011;
        default: {dp，g，f，e，d，c，b，a} =8'hfe;
/*  4'b0000: q_out1    =7'b1111110;        //显示 0 的段码
    4'b0001: q_out1    =7'b0110000;        //显示 1 的段码
    4'b0010: q_out1    =7'b1101101;        //显示 2 的段码
    4'b0011: q_out1    =7'b1111001;        //显示 3 的段码
    4'b0100: q_out1    =7'b0110011;        //显示 4 的段码
    4'b0101: q_out1    =7'b1011011;        //显示 5 的段码
    4'b0110: q_out1    =7'b1011111;        //显示 6 的段码
```

```
    4′b0111：q_out1    =7′b1110000；    //显示 7 的段码
    4′b1000：q_out1    =7′b1111111；    //显示 8 的段码
    4′b1001：q_out1    =7′b1111011；    //显示 9 的段码
    default：          q_out1=7′bxxxxxxx；
*/
        endcase
    end
    endmodule
```

（3）片选 Verilog HDL 代码

```
module px(sl,sh,sel,q)；
    input[3：0]sl, sh；
    input sel；
output[3：0]q；
reg[3：0]q；
    always@（sl or sh or sel）
      begin
        case（sel）
          1′b0：q=sl；
          1′b1：q=sh；
        default：q=4′b0000；
          endcase
      end
    endmodule
```

（二）电子跑表电路设计

1. 电子跑表电路原理图（图 4.9）

电子跑表是常用的时间计数设备，总共由 6 个模块组成：片选模块；扫描模块；译码模块；2-4 译码模块（74139）；一百进制计数器；六十进制计数器。

2. 模块 Verilog HDL 代码

（1）跑秒 Verilog HDL 代码

```
module pm（clk, clr, pause，msl, msh, cn）；
    input clk, clr, pause；
    output[3：0]msl, msh；
```

output cn；

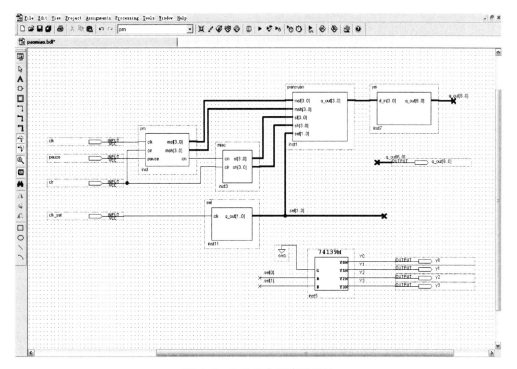

图 4.9 电子跑表电路原理图

reg[3：0]msl，msh；

reg cn；

always@（posedge clk or posedge clr）

  begin

    if（clr）//异步复位

     begin

     {msh，msl} <=8'h00；//复合赋值语句

     cn<=0；

     end

    else if(!pause)//pause 为 0 时正常计数，为 1 时暂停计数

     begin

     if（msl==9）

      begin

      msl<=0；

       if(msh==9)

      begin

       msh<=0；

      cn<=1；

```
                    end
                else
                    msh<=msh+1;
                end
            else
             begin
               msl<=msl+1;
            cn<=0;
            end
        end
    end
endmodule
```

（2）秒计数 Verilog HDL 代码

```
module miao (cn，clr，sl，sh);
    input cn，clr;
    output [3：0] sl，sh;
    reg [3：0] sl，sh;
    //秒计数进程
always @ (posedge cn or posedge clr)
    begin
    if (clr) //异步复位
        begin
            {sh，sl} <=8'h00;
        end
    else if (sl==9)
        begin
        sl<=0;
        if (sh==5)
          sh<=0;
        else
            sh<=sh+1;
        end
    else
        sl<=sl+1;
    end
```

endmodule

（3）片选 Verilog HDL 代码

```
module pianxuan （msl，msh，sl，sh，sel，q_out）；
  input [3：0] msl，msh，sl，sh；
  input [1：0] sel；
  output [3：0] q_out；
  reg [3：0] q_out；
always@ （msl or msh or sl or sh or sel）
  begin
    case （sel）
      2'b00：q_out＝msl；
      2'b01：q_out＝msh；
      2'b10：q_out＝sl；
      2'b11：q_out＝sh；
      default：q_out＝4'b0000；
    endcase
  end
endmodule
```

（4）扫描模块 Verilog HDL 代码

```
module sel （clk，q_out）；
  input clk；
  output [1：0] q_out；
  reg [1：0] q_out；
always@ （posedge clk）
  begin
    q_out＜＝q_out＋1；
  end
endmodule
```

一、 填空题

1. 一般将采用持续赋值语句描述的设计称为＿＿＿＿＿描述方式。

2. assign 表达式中的操作数无论何时发生变化，都会引起_____的重新计算，并将重新计算后的值赋予左边表达式的_____。

3. _____电路的结构描述侧重于表示一个电路有哪些基本元件。

4. 硬件电路的行为特性则主要指_____、_____间的逻辑关系。

5. 在可综合的电路设计中，一般采用_____过程语句来描述电路的行为特征。

6. 行为特性的描述方式既适合于时序逻辑电路，也适合于_____的设计。

7. 在电路的规模较大或者需要描述复杂的时序关系时，通常偏向于使用_____语句。

8. 在模块中，可以将_____和_____进行混合。

9. 模块描述中可以调用门元件、调用其他模块，可包含持续赋值语句以及_____和_____的混合，它们之间可以相互包含。

10. 来自 always 语句和 initial 语句的值能够驱动门或开关，而来自门持续赋值语句的值也能够用于触发_____和_____。

11. 基本 D 触发器只有_____、_____和_____。

12. 带异步清零、异步置1功能的 D 触发器_____有效。

13. 带同步清零、同步置1功能的 D 触发器_____有效。

14. 一个可加/可减计数器有一个加/减控制端 up_down，当该控制端为高电平时，实现_____；为_____时，实现减计数器。

15. {msh,msl}<=8'h00 是一个_____语句。

16. _____在进行仿真时要优于行为描述；而行为描述在_____时则更优越一些。

二、选择题

1. 在行为描述中，下面语句正确的是（　　　）。

A. always@（a，b，cin）　　　　　　　B. always@（a，b，cin）

C. always@（a or b or cin）　　　　　　D. always@（a or b or cin）

2. 七段显示译码器可以用来显示（　　　）。

A. 数字　　　　B. 英文字母　　　　C. 数字和英文字母　　　　D. 汉字

3. 下面（　　　）语句是异步清零，低电平有效。

A. if（! reset）begin Q<=0，Qn<=1；end

B. if（! set）begin Q<=1Qn<=0end

C. if（reset）beginQ<=0，Qn<=1；end

D. if（set）begin Q<=1Qn<=0end

4. 在模块中，可以将（　　　）和（　　　）进行混合。

A. 数据流描述和行为描述   B. 结构描述和行为描述

C. 结构描述和数据流描述   D. 综合描述和结构描述

5. 基本 D 触发器有（   ）。

A. 输入端，输出端   B. 输入端，时钟

C. 输出端，时钟   D. 输入端，输出端，时钟

6. 电子跑表的计时结果要用（   ）位数码管显示。

A. 32   B. 16   C. 8   D. 4

7. 电子跑表具有（   ）源程序。

A. 跑秒   B. 秒和译码   C. 片选和扫描   D. all

8. 常见的两位十进制计数器基于（   ）语言描述。

A. C 语言   B. Verilog HDL   C. Verilog   D. VHDL

9. 可加/可减计数器的加/减控制端为（   ）。

A. up/down   B. up-down   C. up \down   D. A or C

10. 全加器的正确表达方式是（   ）。

A. $S = A + B + C_i$ B. $S = A \cdot B \cdot C_i$ C. $S = A \& B \& C_i$ D. $S = A * B * C_i$

11. 一般程序以（   ）开始。

A. Module   B. MODULE   C. INCLUDE   D. module

12. 硬件电路的结构描述一般侧重于表示一个电路由（   ）组成。

A. 元件   B. 电路   C. 信号   D. 数字

13. 硬件电路的行为特性则主要指（   ）和输出信号间的逻辑关系。

A. 电路输出   B. 电源输出   C. 电压输入   D. 电路输入

14. 一般采用（   ）过程语句来描述电路的行为特性。

A. main   B. always   C. module   D. input

15. 在电路的规模较大或者需要描述复杂的时序关系时，通常偏向于使用（   ）语句。

A. 语言描述   B. 模块描述   C. 行为描述   D. 赋值描述

16. 在 always 块中被赋值的变量应定义为（   ）型。

A. reg   B. main   C. input   D. output

17. 在模块中可以将（   ）和（   ）进行混合。

A. 数字描述、行为描述   B. 结构描述、数字描述

C. 结构描述、行为描述   D. 结构描述、行为描述

18. 来自 always 和 initial 语句的值能够驱动（   ）开关。

A. 门或   B. 异或   C. 同或   D. 与非门

19. 在现实中，荧光数字管、液晶屏、LED 数码管等经常采用七段数码显

示，它可以显示（　　）和英文字母。

A. 汉字　　　　　　B. 数字　　　　　　C. 字母　　　　　　D. 符号

20. if(!Reset)表示的意义是（　　）。

A. 低电平有效　　　B. 高电平有效　　　C. 异步置1　　　　D. 同步置1

21. 计数器的加法控制端为（　　）。

A. always　　　　　B. up＿down　　　　C. posedge　　　　D. load

22. qout［3：0］＜＝0意义为回0，并判断（　　）。

A. 低位　　　　　　B. 高位　　　　　　C. 复位　　　　　　D. 输出

23. 电子数字跑表的设计是（　　）的一个典型应用。

A. 模块设计　　　　B. 计数器　　　　　C. 数字电路　　　　D. 加法器

24. 电子跑表计时结果要用（　　）位数码管显示。

A. 4　　　　　　　　B. 5　　　　　　　　C. 6　　　　　　　　D. 7

25. if(clr) 表示（　　）。

A. 异步复位　　　　B. 异步清零　　　　C. 同步复位　　　　D. 同步置数

26. reg［3：0］sl, sh；表示的含义为（　　）。

A. 微秒计数进程　　B. 秒计数进程　　　C. 分计数进程　　　D. 时计数进程

27. "4′b0111:q_out＝7′b1110000" 是显示（　　）段码。

A. 4　　　　　　　　B. 5　　　　　　　　C. 7　　　　　　　　D. 8

28. 程序的结束语为（　　）。

A. end　　　　　　　B. endmodule　　　C. END　　　　　　D. endcase

三、判断

1. Verilog 的开发设计采用文本方式或混合方式实现。　　　　　　　　（　　）

2. 一般将采用持续赋值语句描述的设计称为数据流描述方式。　　　　（　　）

3. 硬件电路的行为结构描述只表示一个电路由哪些基本元件组成。　　（　　）

4. 硬件电路的行为特性主要指电路输入、输出信号间的逻辑关系。　　（　　）

5. 在综合设计电路中，一般用 module 过程语句来描述电路的行为特性。

　　　　　　　　　　　　　　　　　　　　　　　　　　　　　　　（　　）

6. always 过程语句描述方式只适用于设计时序电路。　　　　　　　　（　　）

7. 结构描述在进行仿真时要优于行为描述。　　　　　　　　　　　　（　　）

8. 在电路规模较大或者需要描述复杂的时序关系时，通常偏向于行为描述语句。　　　　　　　　　　　　　　　　　　　　　　　　　　　　　　（　　）

9. 在模块中，可以将结构描述和行为描述进行混合。　　　　　　　　（　　）

10. 模块描述中不可以调用门元件，不可调其他模块。　　　　　　　　（　　）

11. 来自 always 语句和 initial 语句的值能够驱动门或开关。　　　　　（　　）

12. 来自门或持续赋值语句的值能够用于触发 always 和 initial 语句。　（　　）

13. 七段显示译码器可以显示英文字母和数字。　　　　　　　　　　(　　)

14. 可加/可减计数器控制端 up_down, 控制为高电平时, 实现加法。

　　　　　　　　　　　　　　　　　　　　　　　　　　　　(　　)

15. Verilog 两位十计数器的描述采用 if 语句, 控制低位计数。　　　(　　)

16. 电子跑表具有复位功能。　　　　　　　　　　　　　　　　　(　　)

17. 电子跑表具有正确的分、秒计时功能。　　　　　　　　　　　(　　)

18. 电子数字跑表的设计是数字电路的应用。　　　　　　　　　　(　　)

19. 电子跑表计时结果要用 4 位数码管分别显示分、秒的十位和个位。

　　　　　　　　　　　　　　　　　　　　　　　　　　　　(　　)

20. assign 表达式中的操作不论何时发生变化, 都会引起表达式的重新计算。

　　　　　　　　　　　　　　　　　　　　　　　　　　　　(　　)

项目5

状态机设计

一、 相关知识

（一） Mealy 状态机和 Moore 状态机

时序电路的一个显著特点是内部包含状态寄存器，电路在不同的状态之间切换。由于状态寄存器数目有限，电路可以达到的状态有限，因此，时序逻辑电路有时称为有限状态机（Finite State Machine，FSM）。

规则时序逻辑电路具有规则的次态逻辑，比如加法器、移位器等就属于规则时序逻辑电路。有限状态机也是时序逻辑电路，具有"随机"次态逻辑，"随机"次态逻辑是指次态逻辑电路不规则，相对而言比较复杂，需要从头设计。与规则时序逻辑电路不同，有限状态机的转换不是简单的规则模式。尽管有限状态机的基本结构与规则时序逻辑电路基本结构相似，但二者的设计过程却大不一样。有限状态机的代码设计的起点是更为抽象的模型，比如状态转换图或者算法状态机图，两种表示方法都以图形的方式表示有限状态机的状态转换过程。

时序逻辑电路包含存储元件，用于记忆电路的当前状态，称为状态寄存器。在ASIC（专用集成电路）设计以及FPGA设计中，存储元件都由D触发器构成。有限状态机一般结构如图5.1所示，分为三个主要部分：次态逻辑、状态寄存器和输出逻辑。

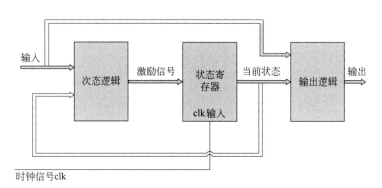

图 5.1 有限状态机一般结构

1. 次态逻辑

次态逻辑是当前状态和当前输入的函数，属于组合逻辑电路。和规则时序逻辑电路相比，有限状态机的次态逻辑更为复杂，因此有限状态机的次态逻辑称为"随机"逻辑，其设计方法可以遵循组合逻辑电路设计方法进行。

2. 状态寄存器

状态寄存器是由多个D触发器组成的寄存器组，用于记录时序逻辑电路的当前状态，寄存器组中的所有 D 触发器使用相同的时钟信号（同步时序逻辑）。

3. 输出逻辑

输出逻辑属于组合逻辑电路，用来确定电路的输出。如果电路的输出只由电路的状态决定，则这种类型的输出称为 Moore 类型输出；如果电路的输出由电路输入和电路的状态共同决定，则称为 Mealy 类型的输出。

有限状态机分为 Moore 状态机和 Mealy 状态机两类：如果有限状态机只包含 Moore 类型的输出，则称为 Moore 状态机；如果包含一个以上 Mealy 类型的输出，则称为 Mealy 状态机。

Moore 状态机和 Mealy 状态机具有相似的计算能力，但是对于同样的计算任务，Mealy 状态机通常只需要更少的状态，如果 FSM 用做控制器使用，则 Moore 状态机和 Mealy 状态机只存在微小差别，二者在时序上的微小差别对于控制器的正确工作至关重要。

（二） 边沿检测电路

假设同步有限状态机的输入信号 strobe 变化相对较慢，即该输入信号可以置位较长时间（远大于同步有限状态机的时钟周期）。边沿检测电路用于检测 strobe 信号的上升沿，如果 strobe 信号出现从"0"到"1"的上升沿，该 FSM 将产生一个"短"脉冲，输出脉冲的宽度等于或者小于 FSM 的一个时钟周期。

1. Moore 状态机

采用有限状态机设计边沿检测电路的基本思想是：采用 ZERO 和 ONE 两个状态，分别代表输入保持"0"或者"1"，该 FSM 具有一个 strobe 信号和一个输出信号，如果 FSM 从 ZERO 状态切换为 ONE 状态，输出置位。图 5.2 所示为边沿检测电路的状态转换图。

首先考虑采用 Moore 状态机实现边沿检测电路，其状态转换图如图 5.2（a）所示，整个有限状态机由三个状态组成，除了 ZERO 和 ONE 状态，还有一个 EDGE 状态。如果电路处于 ZERO 状态，同时 strobe 信号变为"1"，表示输入信号从"0"变为"1"，FSM 会进入 EDGE 状态。在 EDGE 状态，输出信号 p1 置位。如果 strobe 信号继续保持为"1"，有限状态机在下一个时钟周期进入 ONE 状态，然后一直保持在该状态，直到 strobe 信号变为"1"。如过 strobe 是一个短脉冲，FSM 可能会从 EDGE 状态直接切换到 ZERO 状态。

边沿检测电路的 Moore 状态机方式 Verilog HDL 描述如下：

```
module edge _ detect _ moore (clk, reset, strobe, p1);
        input clk, reset, strobe;
        output p1;
        reg[1:0]state _ reg, state _ next;
```

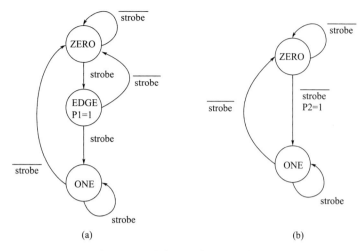

图 5.2　边沿检测电路的状态转换图

localparam[1:0]
ZERO＝2′b00,EDGE＝2′b01,ONE＝2′b10；//状态编码，采用格雷码方式//
　　always@(posedge clk,posedge reset)
　　　　begin
if（reset）
　　　　　state_reg<＝ZERO；
　　　else
　　　state_reg<＝state_next；//状态寄存器//
　　end
always@(*)
　begin
　state_next＝state_reg；//缺省状态赋值//
　case（state_reg）
ZERO：
begin
　if(strobe==1′b1)
　　state_next＝EDGE；
　else
　　state_next＝ZERO；
　end
EDGE：
　　begin
　　　if(strobe==1′b1)

```
                    state _ next＝ONE;
                else
                    state _ next＝ZERO;
                end
            ONE：
                begin
                  if(strobe＝＝1′b1)
                    state _ next＝ONE;
                  else
                    state _ next＝ZERO; //次态逻辑和输出逻辑//
              end
            endcase
        end
    assign p1＝(state_reg＝＝EDGE)？ 1′b1：1′b0;
endmodule
```

2. Mealy 状态机

Mealy 状态机边沿检测器的状态转换图如图 5.2（b）所示，其 ZERO 和 ONE 状态表示的含义与 Moore 状态机一样，如果状态机处于 ZERO 状态，同时输出变为“1”，输出立即置位，有限状态机在下一个时钟上升沿进入 ONE 状态，同时输出清零。边沿检测器电路的时序图如图 5.3 所示。

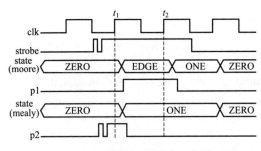

图 5.3　边沿检测电路的时序图

边沿检测电路的 Mealy 状态机方式 Verilog HDL 描述如下：

```
module edge _ detect _ mealy (clk, reset, strobe, p2);
        input clk, reset, strobe;
        output p2;
        reg[1:0]state _ reg, state _ next;
        localparam[1:0]
        ZERO＝1′b0,ONE＝1′b1; //状态编码，采用格雷码方式//
```

```
always@(posedge clk,posedge reset)
        begin
    if（reset）
            state _ reg<=ZERO；
        else
            state _ reg<=state _ next；//状态寄存器//
        end
      always@（*）
      begin
      state _ next=state _ reg；//缺省状态赋值//
      case（state _ reg）
      ZERO：
        begin
        if（strobe）
          state _ next=ONE；
        else
            state _ next=ZERO；
        end
      ONE：
        begin
        if(strobe==1′b1)
            state _ next=ONE；
        else
            state _ next=ZERO；//次态逻辑和输出逻辑//
      end
    endcase
  end
    assign p2=((state_reg==ZERO)&(state_reg==1′b1))? 1′b1:1′b0；
  endmodule
```

3. 直接实现

边沿检测电路比较简单，可以不使用有限状态机，而是直接实现，如图 5.4 所示，它采用一个触发器和一个"与"门，该电路可以检测输入到同步电路的上升沿，并产生持续时间为一个时钟周期的高电平脉冲。边沿检测电路的主要作用是将脉冲信号同步到一个高速时钟域。

使用边沿检测电路，必须要满足一个约束条件：输入时钟脉冲的宽度必须大于

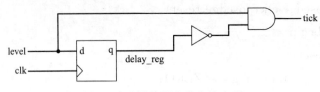

图 5.4　边沿检测电路直接实现

同步电路的时钟周期加上第一个触发器的保持时间，最安全的脉冲宽度是 2 倍的同步器时钟周期。

该电路还有两个变种：

① 如果将反相器交换至"与"门的另一个输入端，那么电路就可以对输入信号的下降沿进行检测，成为一个下降沿检测器；

② 如果将"与"门换成"非"门，那么该电路的输出将是低电平时钟脉冲。

边沿检测电路的直接实现方式的 Verilog HDL 描述如下：

```
module edge _ detect _ mealy（clk，reset，strobe，p2）；
    input clk，reset，strobe；
    output p2；
  reg delay _ reg；
always@（posedge clk，posedge reset）
    begin
if（reset）
            delay_reg<=1′b0；
        else
            delay _ reg<=strobe；
    end
  assign p2=~delay _ reg&strobe；
endmodule
```

4. Mealy 状态机和 Moore 状态机的比较

如果输入信号从"0"变为"1"，三个边沿检测器都能产生一个短脉冲，但是三种实现方式的时序存在微小差别。理解三者之间的微小差别，是正确设计高效有限状态机以及使用 FSM 作为控制器的数字系统的关键。

Mealy 状态机和 Moore 状态机有三个主要区别。

① 对于同样的任务，Mealy 状态机往往需要更少的状态。这是因为 Mealy 状态机的输出由当前状态和外部输入共同决定，因此可以在一个状态下指定几个输出。例如，在 ZERO 状态，根据输入 strobe 的值不同，输出 p2 可以是"0"或者"1"。因此基于 Mealy 状态机的边沿检测器只需要两个状态，而基于 Moore 状态机的边沿检测器则至少需要三个状态。

② Mealy 状态机的输出响应可能更快。因为 Mealy 状态机的响应是输入的函数，所以，无论何时，只要输入满足设计条件，输出就会发生改变。例如，在基于 Mealy 状态机的边沿检测器中，如果 FSM 处于 ZERO 状态，只要 strobe 从"0"变为"1"，其输出立即变为"1"。

③ Moore 状态机的输出并不直接对输出信号的改变做出响应。如果 Moore 状态机在 ZERO 状态检测到输入 strobe 从"0"变为"1"，其输出并不会立即变为"1"，而是要等到 FSM 进入 EDGE 状态后，其输出才会变为"1"。FSM 在下一个时钟上升沿才会进入 EDGE 状态，p1 也会相应变为"1"。根据图 5.3 给出的时序图，Mealy 状态机的输出 p2 在 t_1 时刻就会被采样，但是由于寄存器的输出延迟以及逻辑延迟的存在，Moore 状态机的输出 p1 在 t_1 时刻并不能被使用，必须等到下一个时钟上升沿（t_2 时刻）才能使用。

（三） 状态转换图和状态赋值

有限状态机通常采用状态转换图表示，用图形化的方式表示有限状态机的输入、输出以及状态转化关系。

1. 状态转换图

状态转换图是标准的有向图，包括节点和有向箭头，节点（用圆圈表示）表示电路的状态，有向箭头表示状态转换方向，在有向箭头的旁边需要标注状态转换条件。图 5.5 给出了一个典型状态转换图，该转换图具有两个外部输入信号，一个 Moore 类型的输出 y1 和一个 Mealy 类型的输出 y0，图中的每个节点表示一个电路的状态，电路状态由圆圈表示，在圆圈内部标注该状态的名称以及由该状态决定的 Moore 类型的输出（Moore 类型的输出只由状态决定）。图中标注有向箭头的弧线或者直线表示状态转换方向，通常会标注一个关于输入变量的逻辑表达式，表示状态转化条件，称为条件表达式。如果状态机还包含 Mealy 类型的输出，需要在状态转换图中给出，一般采用符号"/"分割，符号"/"的左侧标注条件表达式，右侧标注 Mealy 类型的输出。

通常情况下，如果输出值下面通过一个实例详细解释状态转换图的含义，在状态转换图中只标注不等于默认值情况下的输出。图 5.6 给出了一个简单的存储器控制器的有限状态机的状态转换图，该控制器电路用于处理器和存储器芯片之间，负责解释来自处理器的命令，并产生相应的控制信号。来自处理器的命令 mem、rw 和 burst 构成了 FSM 的输入信号。当微处理器请求访问存储器时，信号 mem 置位，信号 rw 表示存储器访问类型，该信号可以取 0 或者 1 两个值，分别表示读请求和写请求。burst 表示读操作的一种特殊模式。如果 burst 信号置位，那么将执行连续四个读操作。存储器还具有两个控制信号 oe（输出使能）和 we（写使能）。FSM 的两个输出信号 oe 和 we 会被连接到存储器芯片的输入端。本设计还人为地加入了 Mealy 类型的输出 we_me。

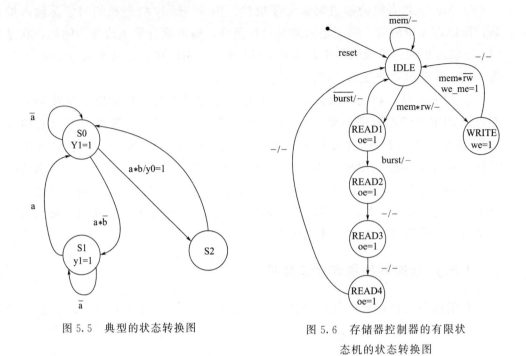

图 5.5　典型的状态转换图

图 5.6　存储器控制器的有限状
态机的状态转换图

初始情况下，FSM 处于 IDLE 状态，并判断是否有来自处理器的 mem 命令，一旦 mem 置位，FSM 检测 rw 的值，并根据 rw 的取值切换到 READ1 或者 WRITE 状态。这些输入条件可以采用逻辑表达式表示，根据图 5.6 的 IDLE 状态的状态转换条件：

① $\overline{mem}$表示没有存储器操作请求；

② mem·$\overline{rw}$表示存储器读操作请求；

③ mem·rw 表示存储器写操作请求。

在每个时钟上升沿，FSM 检测上述这些逻辑表达式，如果$\overline{mem}$为真（即 mem＝0），FSM 保持 IDLE 状态不变。如果 mem·$\overline{rw}$表达式为真（mem 和 rw 同时为"1"），FSM 切换到 READ1 状态，一旦 FSM 进入 READ1 状态，输出信号 oe 置位，如果 mem·rw 表达式为真，FSM 切换到 WRITE 状态，同时激活 we 信号。

如果 FSM 进入 READ1 状态，FSM 继续检测 burst 信号是否置位；如果 burst 信号在下一个时钟有效沿置位，FSM 会依次进入 READ2、READ3 和 READ4 状态，之后返回 IDLE 状态；否则，FSM 返回 IDLE 状态。使用符号"_"表示"不需要任何条件"。如果 FSM 进入 WRITE 状态，在下一个时钟上升沿 FSM 返回到 IDLE 状态。

只有 FSM 处于 IDLE 状态，同时满足表达式 mem·$\overline{rw}$为真时，输出信号 we_me 才能置位。如果 FSM 离开 IDLE 状态，信号 we_me 信号清零，we_me 是一个 Mealy 类型的输出，其值依赖于 FSM 的状态和输入信号。

实际设计中，设计者通常希望在系统初始化阶段能够强迫系统进入一个已知的初始状态。因此通常情况下 FSM 会使用一个异步的复位信号，这与普通时序逻辑电路中的寄存器的异步复位信号非常类似。有时使用一个实心点表示复位状态，如图 5.6 所示。

2. 状态赋值

有限状态机的状态取值称为状态赋值。状态赋值对电路的实现影响非常大。通常采用两种不同的编码方式进行状态赋值：二进制编码（Binary）和独热码（One-bot），如图 5.7 所示。

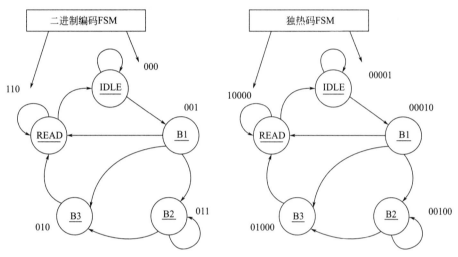

图 5.7 二进制编码和独热码

二进制编码有限状态机需要的触发器较少，电路的抗干扰能力相对较弱。独热码（每次只有一位置位）有限状态机需要的触发器数目与有限状态机的状态数相同。采用独热码通常需要更多的触发器，但次态逻辑通常比采用二进制编码的状态机简单。FSM 性能主要取决于设计中包含的组合逻辑的规模，因此独热码有限状态机比二进制编码有限状态机工作的速度更快。

设计中是采用独热码还是采用二进制编码，要视具体要求而定，通常对于资源比较充裕的设计，可以考虑使用独热码。

在进行有限状态机设计时，状态赋值最好采用参数方式定义，这样可以提高代码的可读性和可维护性。

讨论有限状态机时状态的名称一般使用符号常量表示（比如 IDLE 或者 S0 等），但是综合时每个表示状态的符号常量必须使用具体二进制编码表示，以保证 FSM 可以使用物理硬件实现。

同步有限状态机对延迟并不敏感，可能存在的竞争对电路影响也不大，只要时钟周期足够长，综合得到的电路都可以正确工作。然而对于不同的状态赋值，FSM 的次态逻辑和输出逻辑的物理实现可能存在很大的差别。合适的状态赋值可以大大降低电路规模，减少传播延迟；如果状态赋值不合适，有可能显著增加 FSM 最小时钟周期。

有时出于其他因素的考虑，可能会使用更多的状态寄存器。常用的状态赋值策略如下。

① 二进制编码赋值　按照二进制数的计数顺序对 FSM 的状态依次赋值。这种状态赋值方案使用的寄存器最少，只需要 $\log_2 n$ 个。

② 格雷码赋值　格雷码赋值采用格雷码依次对 FSM 的状态进行赋值，这种赋值方案使用的状态寄存器也是很少的。因为格雷码相继两个编码只有一位发生改变，如果相邻两个 FSM 状态被赋予两个连续的格雷码，会大大降低次态逻辑的复杂性。

③ 独热码状态赋值　每个状态对应一个有效位，因此每个状态编码中只有一位置位。对于具有 n 个状态的 FSM 来说，这种赋值方案需要 n 个寄存器。

④ 几乎独热码赋值　几乎独热码赋值与独热码赋值基本相同，只是在几乎独热码赋值中会使用全 0 编码表示某个状态，一般是系统的初始状态。

一般而言，采用独热码和几乎独热码进行状态机赋值需要更多的寄存器，但是经验表明，这两种赋值方案可以有效地减小次态逻辑和输出逻辑电路的规模。表 5.1 给出了存储器控制电路 FSM 的状态赋值编码。

表 5.1　存储器控制电路 FSM 的状态赋值编码

状态	二进制码	格雷码	独热码	几乎独热码
IDLE	000	000	000001	00000
READ1	001	001	000010	00001
READ2	010	011	000100	00010
READ3	011	010	001000	00100
READ4	100	110	010000	01000
WRITE	101	111	100000	10000

设计者进行代码设计时，可以直接使用符号常量表示 FSM 的状态，根据时钟约束选择合适的状态赋值方案（一般会从前面介绍的几种状态赋值方案中选择一种），以得到最优的结果。当然也可以人为在代码中指定状态赋值方案，这需要在描述 FSM 的 Verilog HDL 代码中指定状态赋值方案，代码中通常采用 localparam 指定编码方式。以下为 FSM 的 Verilog HDL 描述方式之一。

```
module fsm_eg_mult_seg (
    input wire clk, reset
    input wire a, b
    output wire y0, y1
```

```
);
    Localparam [1：0] S0＝2′b00，//参数化状态赋值//
                      S1＝2′b01，
                      S0＝2′b10；
Reg[1:0]state _ reg，state _ next；
always@（posedge clk，posedge reset）//状态寄存器//
    begin
      if（reset）
        state _ reg＜＝S0；
      else
        state _ reg＜＝state _ next；
      end
always@（＊）
    begin
      case（state _ reg）
      S0：if（a）
            if（b）
                state _ next＝S2；
                      else
                state _ next＝S1；
          else
            state _ next＝S0；
      S1：if(a)
            state _ next＝S0；
          else
            state _ next＝S1；
      S2：state _ next＝S0；
      default：state _ next＝S0；
      endcase
    end
    assign y1＝(state_reg＝＝S0)||(state_reg＝＝S1)；//Moore 类
    型输出//
    assign y0＝(state_reg＝＝S0)&a&b；//Mealy 类型输出//
endmodule
```

为了提高代码的可读性和可维护性，代码中使用了符号常量表示 FSM 的状态：

```
    Localparam[1:0]S0＝2′b00，
              S1＝2′b01，
```

S0＝2′b10；

不同赋值策略对综合影响很大。按照图 5.1 所示的有限状态机的一般结构，其 Verilog HDL 描述分为 4 部分，分别对应状态寄存器、次态逻辑、Moore 类型输出、Mealy 类型输出。

输出逻辑（Moore 类型和 Mealy 类型）可以采用连续赋值语句实现，也可以采用 always 块语句实现，有时也可以将输出逻辑和次态逻辑放在同一个 case 语句中。

FSM 的 Verilog HDL 描述的另一种方式如下。

```
module fsm _ eg _ 2 _ seg (
        input wire clk，reset
        input wire a，b
        output wire y0，y1
        )；
        Localparam[1:0]    S0＝2′b00，//参数化状态赋值//
                          S1＝2′b01，
                          S0＝2′b10；
        Reg[1:0]state _ reg，state _ next；
        always@(posedge clk，posedge reset)//状态寄存器//
            begin
              if(reset)
                  state _ reg＜＝S0；
              else
                  state _ reg＜＝state _ next；
            end
        always@（ ＊ ）
            begin
            state _ reg＝state _ next； //default   next   state：the   same//
            y1＝1′b1； //default   output   ：0//
            y0＝1′b0； //default   output   ：0//
            case （state _ reg）
                S0：begin
y1＝1′b1；
if(a)
                            if(b)begin
                                state _ next＝S2；
                                y0＝1′b1；
                                    end
                    else
```

```
                                     state _ next＝S1;
                           end
                S1： begin
                     y1＝1′b1;
    if（a）
                            state _ next＝S0;
                       end
                S2： state _ next＝S0;
                default： state _ next＝S0;
               endcase
           end
         endmodule
```

3. 未用状态处理

有限状态机的状态赋值过程中，经常会存在未使用的二进制编码。例如，在存储器控制电路的 FSM 中共有 6 个状态，但是，即使采用二进制编码或者格雷码，最少也要使用三个寄存器。共有 2^3 种可能的输入组合，因此有两个编码未被使用。如果是使用独热码，则未被使用编码有 58 个。正常情况下，FSM 不会进入这些未被使用的状态。然而，由于噪声或者外部干扰的存在，可能会导致 FSM 意外进入这些未用的状态，某些应用中，可以忽略 FSM 进入未用状态的情况，设计者可认为这种情况不会发生。但这种情况一旦发生，有限状态机将不能自行恢复，整个电路就会瘫痪，无法正常工作。另一方面，在某些应用中，可以通过 FSM 的合理设计，使其能够从异常（未用状态）状态恢复到有效状态继续工作，这种情况下，必须合理设计 FSM，如果进入未用状态，能够自行再恢复到有效状态，这种 FSM 称为 fault-tolerant FSM 或者安全 FSM。要在有限状态机中加入这种自行恢复机制，只需要在次态逻辑的 case 语句中使用 default 语句，例如：

default： state _ next＝IDLE;

有些设计中，可单独设计一个独立的状态 ERROR，用于处理 FSM 进入未用状态：

default： state _ next＝error;

二、 项目实施

（一） FSM 的 Verilog HDL 实现

1. 有限状态机设计的一般步骤

（1）逻辑抽象

得出状态转换图。把给出的实际逻辑关系表示为时序逻辑函数。可以用状态转换表来描述，也可以用状态转换图来描述。

① 分析给定的逻辑问题，确定输入变量、输出变量以及电路的状态数。通常是取原因（或条件）作为输入变量，取结果作为输出变量。

② 定义输入、输出逻辑状态，并将电路状态顺序编号。

③ 按照要求列出电路的状态转换表或画出状态转换图。

这样就把给定的逻辑问题抽象为一个时序逻辑函数了。

（2）状态化简

如果在状态转换图中出现这样两个状态：它们在相同的输入下转换到同一状态，并得到相同的输出，则称它们为等价状态。显然等价状态是重复的，可以合并为一个。电路的状态数越少，存储电路也就越简单。状态化简的目的就在于将等价状态尽可能地合并，以得到最简的状态转换图。

（3）状态分配

状态分配又称状态编码。通常有很多编码方法，编码方案选择得当，设计的电路就可以简单；反之选得不好，则设计的电路就会复杂许多。在实际设计时，须综合考虑电路复杂度与电路性能这两个因素。在触发器资源丰富的 FPGA 或 ASIC 设计中，采用独热编码既可以使电路性能得到保证，又可充分利用其触发器数量多的优势，可指定输出编码的状态来简化电路结构，提高状态机的运行速度。

（4）选定触发器的类型

选定类型并求出状态方程、驱动方程和输出方程。最后按照方程得出逻辑图。

用 Verilog HDL 来描述有限状态机，可以充分发挥硬件描述语言的抽象建模能力，采用用 always 块语句和 case（if）等条件语句及赋值语句即可实现。具体的逻辑化简、逻辑电路和触发器映射均可由计算机自动完成，不再需要很多的人为干预，使电路设计工作得到简化，效率也会得到有很大提高。

在 FSM 的 Verilog HDL 描述中，一般使用 localparam 定义 FSM 的状态，使用 localparam 定义 FSM 的状态有以下好处：

① 提高代码的可读性，避免使用"魔鬼数字"；

② 提高代码可维护性。

状态赋值对 FSM 综合结果有很大影响，因此在综合时可采用不同的方案进行状态赋值。采用 localparam 定义状态值，不需对代码中的每个状态值进行修改，只需修改 localparam 定义的状态值，方便进行状态赋值，提高代码的可维护性。

采用两个或者三个 always 块描述 FSM 是目前为止最佳的编码方式。

① 采用两个 always 块描述 FSM，称为两段式描述。两个 always 块中，一个用来实现内部状态寄存器，一个用来实现次态逻辑和输出逻辑。

② 采用三个或者更多 always 块描述 FSM，称为多段式描述。在多段式描述中，将输出逻辑和次态逻辑也分开描述，有时甚至将 Moore 类型的输出和 Mealy

类型的输出分开，采用单独的 always 块描述。

多段式和两段式描述是 FSM 主要的描述方式。对于某些输出逻辑比较简单的情况，也可采用连续赋值语句实现。当然也可以采用一个 always 块描述有限状态机（一段式描述），但是这种描述方式并不好，不推荐采用这种描述方式。

2. FSM 的 Verilog HDL 实现方式

（1）多段式

```
module fsm _ cc4 _ moer2 (
output reg gnt，
input wire dly，done，reg，clk，rst _ n
）；
        localparam[1:0]IDLE=2'b00，
                      BBUSY=2'b01，
                      BWAIT=2'b10，
                      BFREE=2'b11；
      reg[1:0]state _ reg，state _ next；//状态寄存器//
    always@（posedge clk or posedge rst_n)//次态逻辑//
    if(!rst_n)
       state _ reg<=IDLE；
    else
       state _ reg<=state _ next；
always@（state_reg or dly or done or req）
    begin
state _ next=state _ reg//默认情况下，FSM 保持当前状态不变//
case（state _ reg）
    IDLE：begin
          if(req)
          state _ next=BBUSY；
          end
    BBUSY：begin
          if （done） begin
            state _ next=BWAIT；
          else
            state _ next=BFREE；
              end
          end
```

```
        BWAIT：begin
            if(dly==1'b0)
                state_next=BFREE；
            end
        BFREE：begin
            if(req)
                state_next=BBUSY；
            else
                state_next=IDLE；
            end
          ebdcase
        end
        always@(state_reg)begin//Moore 类型的输出//
        gnt=1'b0；
        case（state_reg）
        BBUSY，BWAIT：gnt=1'b0；
        IDLE，BFREE：；
            endcase
        end
    endmodule
```

图 5.8 所示为具有 4 个状态的有限状态机转换图。

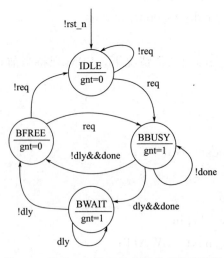

图 5.8　具有 4 个状态的有限状态机转换图

（2）两段式

module fsm_cc4_moer2（

```verilog
output reg gnt,
input wire dly，done，reg，clk，rst_n
);
            localparam[1：0]IDLE＝2'b00,
                          BBUSY＝2'b01,
                          BWAIT＝2'b10,
                          BFREE＝2'b11;
            reg[1：0]state_reg, state_next; //状态寄存器//
          always@(posedge clk or posedge rst_n)//次态逻辑//
        if(!rst_n)
          state_reg<＝IDLE;
        else
          state_reg<＝state_next;
always@(state_reg or dly or done or req)begin//次态逻辑和输出逻辑//
        state_next＝2'bx;
          gnt＝1'b0;
case（state_reg)
IDLE：begin
        if(req)
          state_next＝BBUSY;
        else
          state_next＝IDLE
  end
BBUSY：begin
            gnt＝1'b1;
  if(!done)
        state_next＝BBUSY;
        else if（dly）
          state_next＝BWAIT;
        else
  state_next＝BFREE;
        end
  BWAIT：begin
            gnt＝1'b1;
  if(!dly)
        state_next＝BFREE;
    else
```

```
            state_next＝BWAIT；
        end
    BFREE：begin
        if(req)
            state_next＝BBUSY；
        else
            state_next＝IDLE；
        end
    endcase
    end
endmodule
```

采用以上 Verilog HDL 描述，要注意以下事项。

① 采用 localparam 定义状态机状态时，建议不要采用 Verilog HDL 的宏定义进行状态的定义。参数定义之后，建议在其后的代码中全部使用参数，而不使用具体的状态编码。这样做的好处是：如果有工程师希望尝试不同的状态编码方式，只需要修改参数定义部分，而对其后的 Verilog HDL 代码不需要做任何的修改。

② 参数定义之后，直接声明两个寄存器类型的变量（state_reg，state_next），用来表示当前状态和次态。

③ 时序逻辑 always 块中采用非阻塞赋值语句。

④ 组合逻辑 always 块的敏感列表中包含 state_reg 变量以及所有在 always 块右侧表达式中出现的输入变量。

⑤ 组合逻辑 always 块使用阻塞赋值语句。

⑥ 在组合 always 块开始处，包含对 state_next 的缺省赋值，这样做有如下几个好处：防止综合时出现锁存器；减少后续的 case 语句代码量；对后续的 case 语句中的 state_next 改变的情况进行强调。

（二）序列检测器设计

序列检测器就是将一个指定的序列从数字信号的码流中识别出来，本次设计的序列检测器要求在一个连续码流输入中检测"10010"。设输入数字码流用 datain 表示，假定每个时钟周期会有一个输入加入，序列检测器连续检测输入码流，如果检测到输入码流中包含指定的"10010"，则输出 dataout 置位，否则 dataout 保持低电平。序列检测器的状态转换图如图 5.9 所示。

序列检测器的 Verilog HDL 描述：

```
module sedet （
        input wire datain，clk，reset，
        output wire dataout
        )；
```

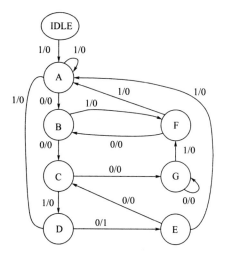

图 5.9 序列检测器的状态转换图

reg[2：0]state_reg，state_next；
localparam IDLE＝3′d0；
        A＝3′d1；
        B＝3′d2；
        C＝3′d3；
        D＝3′d4；
E＝3′d5；
F＝3′d6；
G＝3′d7
    assign dataout＝(state_reg＝＝D&&x＝＝1′b0)？1′b1：1′B0；
    always@(posedge clk or posedge reset)//状态寄存器//
begin
      if(reset)
      state_reg<＝IDLE；
     else
   state_reg<＝state_next；
  end
always@(state_reg,datain)begin//次态逻辑//
  casex（state_reg)
  IDLE：if（datain＝＝1′b1)
    state_next＝A；
    else
     state_next＝IDLE；
 A：if(datain＝＝1′b0)

```
                    state_next=B;
                else
                    state_next=A;
            B: if(datain==1'b0)
                    state_next=C;
                else
                    state_next=F;
            C: if(datain==1'b1)
                    state_next=D;
                else
                    state_next=G;
            D: if(datain==1'b0)
                    state_next=E;
                else
                    state_next=A;
            E: if(datain==1'b0)
                    state_next=C;
                else
                    state_next=A;
            F: if(datain==1'b1)
                    state_next=A;
                else
                    state_next=B;
            G: if(datain==1'b1)
                    state_next=F;
                else
                    state_next=B;
            default: state_next=IDLE;
        endcase
    end
endmodule
```

本设计采用三段式描述，其中输出逻辑采用连续赋值语句实现，其余两个 always 块一个用于描述状态寄存器，一个用于描述次态逻辑。描述次态逻辑的 always 块中，只使用一个 case 语句。注意：本设计为了保证综合结果不含锁存器，在 always 块开始时，对次态逻辑赋默认值，这样就可以在 case 语句中不使用 default 分支；本设计没有在 always 块开始处对 state_next 赋默认值，所以在 case 语句使用了 default 语句。

存储控制器的多段式描述方式之一如下：

```
module mem _ ctrl （
input wire clk，reset
input wire mem，rw，burst,
output wire oe，we，we _ me
）;
localparam[3：0]IDLE=4'B0000，
              WRITE=4'B0100，
              READ1=4'B1000，
              READ2=4'B1001，
              READ3=4'B1010，
              READ4=4'B1011;
reg[3：0]state _ reg，state _ next;
always@（posedge clk,posedge reset）begin//状态寄存器//
    if （reset==1'b1）
      state _ reg<=IDLE;
    else
      state _ reg<=state _ next;
  end
always@（state_reg,mem,rw,burst）begin//次态逻辑//
    case （state _ reg）
    IDLE：begin
          if(mem)begin
            if(rw)begin
              state _ next=READ1;
            else
              state _ next=WRITE;
            end
          end
        else
          state _ next=IDLE;
      end
    WRITE：
          state _ next=IDLE;
    READ1：begin
          if(burst==1'b1)
              state _ next=READ2;
```

```
            else
                state_next＝IDLE；
            end
        READ2：
                state_next＝READ3；
        READ3：
                state_next＝READ4；
        READ4：
                state_next＝IDLE；
    always@(state_reg)begin//Moore 类型输出//
        we＝1'b0；
        oe＝1'b0；
        case（state_reg）
            IDLE，WRITE：we＝1'b1；
            READ1：oe＝1'b1；
            READ2：oe＝1'b1；
            READ3：oe＝1'b1；
            READ4：oe＝1'b1；
        endcase
    end
    always@(state_reg,mem,rw)begin//Mealy 类型输出//
        we_me＝1'b0；
        case（state_reg）
        IDLE：
                if（mem&rw）
                we_me＝1'b1；
                WRITE，READ1，READ2，READ3，READ4：；
        endcase
    end
    endmodule
```

在上面的描述中共使用了四个 always 块，第一个 always 块用于描述内部状态寄存器。这种描述方式是 Verilog HDL 描述寄存器的标准方式。寄存器描述使用边沿敏感列表，其中包括时钟信号 clk 和异步复位信号 reset，如果复位信号有效，状态机会进入 IDLE 状态，否则在每个时钟有效沿，寄存器会采样 state_next 信号（state_next 是次态逻辑的输出）：

```
        always@(posedge clk,posedge reset)begin//边沿敏感列表//
                if(reset==1'b1) //复位信号有效//
```

state＿reg＜＝IDLE；

else

state＿reg＜＝state＿next；

其余的三个 always 块分别用于描述次态逻辑、Moore 类型输出和 Mealy 类型输出，这三个 always 块描述的都是组合逻辑。

次态逻辑是组合逻辑电路，采用电平敏感列表，并在 always 块内部使用阻塞赋值语句。次态逻辑由当前状态 state＿reg 和输入 mem、rw 和 burst 决定，因此这些信号必须出现在敏感列表中。state＿reg 是状态寄存器的输出，表示 FSM 的当前状态，根据 state＿reg 和输入信号的不同取值，可以确定电路的次态 state＿next（state＿next 表示次态逻辑的输出），该信号在时钟上升沿被寄存器采样。

建议：在 always 块内部使用 case 语句描述 FSM 状态转换过程。

两段式描述使用两个 always 块，一个 always 块用于描述 FSM 的状态寄存器，另一个用于描述组合逻辑（次态逻辑和输出逻辑），描述如下：

module mem＿ctrl（

  input wire clk，reset

  input wire mem，rw，burst，

  output wire oe，we，we＿me

  ）；

  localparam ［3：0］ IDLE＝4′B0000，

    WRITE＝4′B0100，

    READ1＝4′B1000，

    READ2＝4′B1001，

    READ3＝4′B1010，

    READ4＝4′B1011；

 reg［3：0］state＿reg，state＿next；

 always＠（posedge clk，posedge reset）begin//状态寄存器//

  if(reset＝＝1′b1)

   state＿reg＜＝IDLE；

  else

   state＿reg＜＝state＿next；

  end

 always＠（state_reg，mem，rw，burst）begin//次态逻辑和输出逻辑//

  we＝1′b0；

  oe＝1′b0；

  we＿me＝1′b0；

case（state＿reg）

```verilog
        IDLE: begin
                    if(mem)begin
                        if(rw)begin
                        state _ next=READ1;
                        else begin
                        state _ next=WRITE;
                        we _ me=1'b1;
                        end
                    end
                end
                state _ next=IDLE;
            end
        WRITE: begin
                        state _ next=IDLE;
                        we _ me=1'b1;
            end
        READ1: begin
                    if (burst==1'b1)
                        state _ next=READ2;
                    else
                        state _ next=IDLE;
                    oe=1'b1;
        end
        READ2: begin
                    oe=1'b1;
state _ next=READ3;
                end
        READ3: begin
                    oe=1'b1;
state _ next=READ4;
                end
        READ4: begin
                    state _ next=IDLE;
                    oe=1'b1;
                end
        default:
                    state _ next=IDLE;
```

```
            endcase
    endmodule
```

与多段式描述相比，两段式描述更为紧凑，代码量更少，但是这种描述方式的可读性有所下降，尤其当电路的状态和输出数据都较多时，不太容易理解。

（三）BCD 码—余 3 码转换电路设计

表 5.2 给出了 BCD 码和余 3 码之间的对应关系，实际上，只要将 BCD 码与十进制数"3"相加，就可以得到相应的余 3 码。

表 5.2　BCD 码和余 3 码对应关系

十进制数	BCD(8421)码	余 3 码
0	0000	0011
1	0001	0100
2	0010	0101
3	0011	0110
4	0100	0111
5	0101	1000
6	0110	1001
7	0111	1010
8	1000	1011
9	1001	1100

BCD 码-余 3 码转换电路的状态转化图如图 5.10 所示，状态机使用异步复位信号 reset，当 reset 置位后，状态机进入 S _ 0 状态，系统复位，在每个时钟信号上升沿采样输入位流，对连续的四个输入信号加 0011 即可得到相应的余 3 码。

注意：输入位流中最低有效位在先。

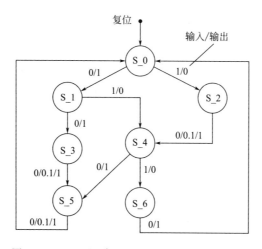

图 5.10　BCD 码-余 3 码转换电路的状态转化图

BCD 码-余 3 码转换电路的 Verilog HDL 描述如下：

```
module BCD _ to _ Excess (
    output reg B _ out
    input wire B _ in，clk，reset _ b
    );
    localparam S _ 0＝3′B000，S _ 1＝3′B001，
            S _ 2＝3′B101，S _ 3＝3′B111，
            S _ 4＝3′B011，S _ 5＝3′B110，
            S _ 6＝3′B010，
    dont _ care _ state＝3′bx，dont _ care _ out＝3′bx；
reg[2：0]state _ reg，state _ next；
always@（posedge clk or negedge reset _ b）//边沿敏感的敏感列表//
    begin
    if（reset _ b＝＝0）
        state _ reg＜＝S _ 0；
    else
        state _ reg＜＝state _ next；
    end
    //次态逻辑和输出（组合逻辑）//
    always@（state_reg or B_in）//电平敏感的敏感列表//
    begin
        B _ out＝0；
        state _ next＜＝state _ reg；
        case(state_reg)
          S _ 0：if(B_in＝＝1′b0)
            begin
            state _ next＝S _ 1；B _ out＝1；
                end
            else if （B _ in＝＝1′b1)
                begin state _ next＝S _ 2；
                    end
            S _ 1：if （B _ in＝＝1′b0)
                    begin state _ next＝S _ 3；B _ out＝1；
                    end
```

else if （B＿in＝＝1′b1）

   begin state＿next＝S＿4；

   end

S＿2：if begin state＿next＝S＿4；B＿out＝B＿in；end

S＿3：if begin state＿next＝S＿5；B＿out＝B＿in；end

S＿4：if （B＿in＝＝1′b0）

   begin state＿next＝S＿5；B＿out＝1；

    end

   else if （B＿in＝＝1′b1）

    begin state＿next＝S＿6；

   end

S＿5：if begin state＿next＝S＿0；B＿out＝B＿in；end

 S＿6：if begin state＿next＝S＿0；B＿out＝1；end

endcase

end

endmodule

本设计采用两个 always 块，一个实现状态寄存器，一个用来实现次态逻辑和输出。

（四） 用三进程状态机实现自动售货机控制电路

自动售货机顶层结构框图如图 5.11 所示。它有两个投币口 （1 元和 5 角），商品 2 元一件，不设找零。In[0]表示投入 5 角，In[1]表示投入 1 元，Out 表示是否提供货品。

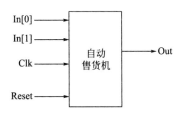

图 5.11　自动售货机顶层结构框图

经过分析可知状态机的状态包括：

S0(00001)：初始状态，未投币或已取商品；

S1(00010)：投币 5 角；

S2(00100)：投币 1 元；

S3(01000)：投币 1.5 元；

S4(10000)：投币 2 元或以上。

用独热码表示状态编码，其状态转换图如图 5.12 所示（按 Moore 状态机设计）。采用 Verilog HDL 描述如下：

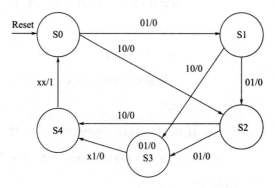

图 5.12　自动售货机状态转换图

`timescale 1ns/100ps

module saler＿3always（Reset，Clk，In，Out）；//第一个 always 块：状态转移。

input Clk，Reset；input[1：0]In；

output Out；reg Out；reg[4：0]state，next＿state；

parameter S0 = 5′b00001，S1 = 5′b00010，S2 = 5′b00100，S3 = 5′b01000，S4＝5′b10000；

always @ （posedge Clk or posedge Reset）begin

if(Reset)

state＜＝S0；

else

state＜＝next＿state；

end

always @(state or In)begin //第二个 always 块：状态转移的组合逻辑条断

case(state)

S0：begin

if(In[1])

next＿state＜＝S2；

```verilog
        else if(In[0])
            next_state<=S1；
        else
            next_state<=S0；
    end
S1：begin
    if(In[1])
      next_state<=S3；
    else if(In[0])
            next_state<=S2；
    else
            next_state<=S1；
    end
S2：begin
    if(In[1])
        next_state<=S4；
      else if(In[0])next_state<=S3；
        else
          next_state<=S2；
        end
S3：begin
    if(In[0]|In[1])next_state<=S4；
    else
    next_state<=S3；
    end
S4：begin
          next_state<=S0；
      end
    default：next_state<=S0；
    endcase
    end
always @(state)begin//第三个 always 块：输出组合逻辑
  case(state)
    S0：begin
```

```
        Out<=0；
      end
  S1：begin
      Out<=0；
      end
  S2：begin
      Out<=0；
      end
  S3：begin
      Out<=0；
      end
  S4：begin
      Out<=1；
      end
  default：Out<=0；
  endcase
end
endmodule
```

功能仿真结果见图5.13。

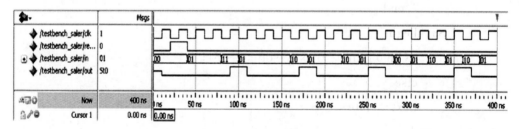

图5.13　功能仿真结果

一、填空题

1. 状态寄存器是由_____组成，用来记忆_____当前所处的状态。

2. 如果状态寄存器由 n 个触发器组成，则最多可以记忆_____个状态。

3. 所有的触发器的时钟端都连在一个共同的_____上。

4. 寄存器传输级（RTL）描述是以_____抽象所得到的有限状态机为依据的。

5. 在 Verilog HDL 中，可以用许多种方法来描述有限状态机，最常用的方法是_____和_____。

6. 状态的转移只能在_____的上升沿时发生，往哪个状态的转移则取决于_____和_____。

7. Mealy 状态时序逻辑的输出取决于_____、_____。

8. 一般综合器都可以通过_____的控制来合理处理默认项。

9. 把状态码的制定与状态机控制的输出联系起来，把状态的变化直接用作输出，这样做可以_____并_____。

10. 状态机可以认为是_____和_____的特殊组合。

11. 大部分 Moore 状态机时序逻辑电路的输出只取决于_____。

12. 状态机发生状态的改变由正跳变还是由负跳变触发，取决于_____。

13. Mealy 与 Moore 状态机的_____不同。

14. 在实际设计工作中，大部分状态机属于_____状态机。

15. 状态机的状态是否改变、怎样改变，取决于产生下一状态的组合逻辑_____函数的输出。

16. 如果时序逻辑的输出不仅取决于状态，还取决于输入，这种状态机称之为_____。

17. 状态机状态的转移只能在同步时钟的_____发生。

18. 在状态机结构部分中，把_____直接指定为状态码。

19. 状态分配又称为_____。

20. 时钟同步状态机的结构中，状态寄存器由一组_____组成。

21. 时钟同步状态机的结构中，F、G 都是_____。

22. 时钟同步状态机的结构中，F 的逻辑函数表达式_____。

23. 时钟同步状态机的结构中，G 的逻辑函数表达式_____。

24. 有些时序逻辑电路的输出只取决于当前状态，即输出信号＝G，这样的电路称为_____。

25. Mealy 电路结构和 Moore 电路结构除了_____不同外，其他都相同。

26. 设计高速电路时，状态机的输出与时钟几乎_____。

27. 将状态变量直接用于输出时，其_____只有连线，没有_____。

28. 在设计高速状态机时，可以在_____后面再加一组与时钟同步的寄存器输出流水线寄存器。

29. 所有的输出信号在下一个时钟跳变沿时，同时存入寄存器组，即完全同步输出，称为_____输出的 Mealy 状态机。

30. 在 Verilog HDL 中，可以用许多种方法来描述有限状态机，最常用的方法是用_____语句和_____语句。

31. 对于用 FPGA 实现的_____，建议采用独热码。

32. 有限状态机设计的一般步骤：①逻辑抽象，得出状态转换图；②_____；③_____；④选定触发器的类型并求出状态方程、驱动方程和输出方程；⑤按照方程得出逻辑图。

33. 如果在状态转换图中出现这样两个状态：它们在相同的输入下转换到同一状态，并得到相同的输出，则称它们为_____状态。

34. 状态化简的目的就在于将_____状态尽可能合并，得到最简的状态转换图。

35. 在实际设计状态分配时，需综合考虑_____和_____两个因素。

36. 在比较复杂的状态机设计过程中，往往把状态机的_____与_____分成两部分来考虑。

二、选择题

1. 如果时序逻辑的输出不仅取决于当前状态，还取决于输入，则称之为（   ）状态机。

A. Mealy   B. VHDL   C. FPGA   D. Zero

2. 在可综合电路中，一般采用（   ）过程语句来描述电路的行为特征。

A. always   B. if   C. since   D. 行为

3. 状态机的变化始终是由（   ）的跳变决定的，如上升沿或下降沿，只有当有效沿到来时，状态机才会向下一个状态跳变。

A. clk   B. CPU   C. ALK   D. CY

4. 在模块中，可以将结构描述和行为描述进行（   ）。

A. 搭配   B. 分离   C. 融合   D. 不可一起用

5. 一般将采用（   ）语句描述的设计称为数据流描述方式。

A. 持续赋值   B. always   C. initial   D. Endmodule

6. 按照一定原则来编写的代码可综合到不同的（   ）。

A. FGPA 和 AISC   B. PGAF 和 IASC   C. GAPF 和 ASIC   D. FPGA 和 ASIC

7. 下列不属于有限状态机设计的一般步骤的是（   ）。

A. 逻辑抽象，得出状态转换图

B. 状态化简

C. 按照方程得出流程图

D. 状态分配

8. J-K 触发器在 CP 脉冲作用下，欲使 $Q* = Q'$ 则输入信号为（ ）。

A. J=K=1   B. J=Q，K'=Q   C. J=Q，K=Q   D. J=Q，K=1

9. 在设计高速电路时，常常有必要使状态机的输出与（ ）几乎完全同步。

A. 高速状态   B. 状态   C. 时序   D. 时钟

10. 独热码的优点是多了两个触发器，但所用组合电路省一些，对电路的（ ）有提高。

A. 可靠性   B. 稳定性   C. 速度   D. 质量

11. 一般有限状态机设计的第三个步骤是（ ）。

A. 逻辑抽象，得出状态转换图   B. 状态化简

C. 状态分配   D. 按方程得出逻辑图

12. 状态机的输出是由（ ）提供的。

A. 输入组合逻辑   B. 输出组合逻辑   C. 纯组合逻辑   D. 可编程逻辑

13. 时序逻辑的输出取决于（ ）。

A. 状态   B. 触发器   C. 状态机   D. 输入

14. 设计高速状态机时，应在输出逻辑 G 后面再加一组与（ ）同步的寄存器。

A. 脉冲   B. 输入   C. 时钟   D. 输出

15. FPGA 实现的有限状态机建议采用（ ）。

A. 独热码   B. 编码   C. 解码   D. 译码

16. 使用独热码的优点有（ ）。

A. 效率提高   B. 单元数增加   C. 速度提高   D. 可靠性提高

17. 一个 4 位二进制码减法计算器的起始值 1001，经过 100 个时钟脉冲作用之后的值为（ ）。

A. 1100   B. 0100   C. 1101   D. 0101

18. 状态分配又称为（ ）。

A. 状态转换   B. 状态译码   C. 状态编码   D. 状态转换图

19. 在输出编码的状态指定方法中，把（ ）直接用作输出。

A. 状态变量   B. 状态输入   C. 状态输出   D. 状态转换

20. 一位 8421 BCD 码计算器至少需要（ ）个触发器。

A. 3   B. 4   C. 5   D. 10

21. 状态机可以表现（ ）在生存期的行为、经历的状态序列、引起状态转换的时间以及因状态转换引起的动作。

A. 一组对象　　　　B. 一个对象　　　　C. 多个执行者　　　　D. 几个子系统

22. 下面不属于状态的类型是（　　）。

A. 子机状态　　　　B. 复合状态　　　　C. 简单状态　　　　D. 激活状态

23. 不属于状态转换的要素有（　　）。

A. 事件　　　　　　B. 活动　　　　　　C. 条件　　　　　　D. 动作

24. 若将 D 触发器的 D 端连在 Q 端上，经 100 个脉冲作用后，它的次态 $Q(t+100)=0$，则现态 $Q(t)$ 为（　　）。

A. $Q(t)=0$　　B. $Q(t)=1$　　C. $Q(t)=2$　　D. 与现态 $Q(t)$ 无关

项目6

制作简易数字频率计

本项目要求设计出以 FPGA 为核心的数字频率测量电路，实现对 TTL 电平信号的频率测量，并显示到数码管上。具体要求如下。

① 被测信号为 TTL 电平，测量范围 10Hz～2MHz。

② 测量精度 10Hz。

③ 用数码管显示被测信号频率，显示 6 位有效位数。

④ 在 FPGA 内设计一个信号源，产生简单可调的方波，可用于对频率测量电路的调试。

设计方案如下。

采用 Altera 公司的 EP2C5T114 的 FPGA 芯片为核心器件，测量结果通过 8 位数码管输出。硬件主要包括 FPGA 核心板及 8 位动态 LED 显示电路两部分。

一、 相关知识

（一） 频率测量原理

频率和时间是电子测量技术领域中最基本的参量，频率是指周期信号在单位时间（1s）内的变化次数（周期数）。如果在一定时间间隔 T 内周期信号重复变化了 N 次，则频率可表达为

$$f_x = \frac{N}{T}$$

时间和频率的测量主要分为模拟测量和数字测量。根据测量原理，模拟测量又分为直接法测量和比较法测量；数字测量分为门控计数法测量和通用计数器测量，主要采用门控计数法测量。

频率是在时间轴上无限延伸的，因此，对频率量的测量需确定一个取样时间，在该时间内对被测信号的周期累加计数。

为实现时间（这里指时间间隔）的数字化测量，需将被测时间按尽可能小的时间单位（称为时标）进行量化，通过累计被测时间内所包含的时间单位数（计数）得到。

将需累加计数的信号（频率测量时为被测信号，时间测量时为时标信号），由一个"闸门"（主门）控制，并用一个"门控"信号控制闸门的开启（计数允许）与关闭（计数停止）。闸门可由一个逻辑门电路实现，这种测量方法称为门控计数法。其原理如图 6.1 所示。

图 6.1 用"与"逻辑门作为闸门，其门控信号为 1 时闸门开启（允许计数），为 0 时闸门关闭（停止计数）。

测量频率时，闸门开启时间（称为闸门时间）即为采样时间。测量时间（间

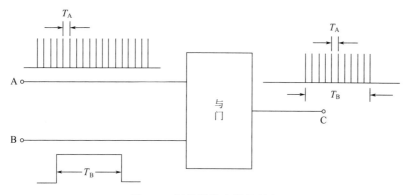

图 6.1　门控计数法测量频率

隔）时，闸门开启时间即为被测时间。

（二）通用计数器的测量原理

1. 测量频率

由于频率为一个周期性过程在单位时间内重复的次数，因此只要在一定的时间间隔内测出这个过程的周期数，即可求出频率。图 6.2 为频率测量原理框图。

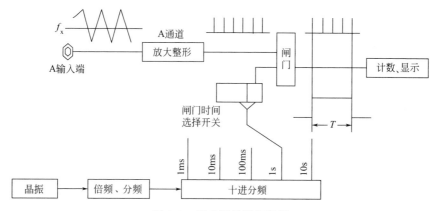

图 6.2　频率测量原理框图

被测信号由 A 端输入，经 A 通道放大整形后输往闸门。晶体振荡器（简称晶振）产生频率准确度和稳定度都非常高的振荡信号，经一系列分频器逐级分频之后，可获得各种标准时间脉冲信号（简称时标）。通过闸门时间选择开关控制主门启、闭作用的时间（闸门时间），则在所选闸门时间 T 内主门开启，被测信号通过主门进入计数器计数。若计数器计数值为 N，则被测信号的频率 $f_x = N/T$。

闸门时间 T 的选择一般都设计为 10^ns（n 为整数），并且闸门时间的改变与显示屏上小数点位置的移动同步进行，故使用者无须对计数结果进行换算，即可直接读出测量结果。例如，被测信号频率为 100kHz，闸门时间选 1s 时，N=100000，显示为 100.00kHz；若闸门时间选 100ms，则 $N=10000$，显示为 100.00kHz。测量同一个信号频率时，闸门时间增加，测量结果不变，但有效数字位数增加，提高了测量精确度。

2. 测量周期

周期是频率的倒数，因此，测量周期时可以把测量频率时的计数信号和门控信号的来源相交换来实现。图 6.3 为周期测量原理图。

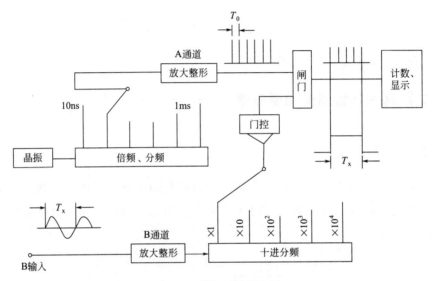

图 6.3　周期测量原理图

周期为 T_x 的被测信号由 B 通道进入，经 B 通道处理后，再经门控双稳输出作为主门启闭的控制信号，使主门仅在被测周期 T_x 内开启。

晶体振荡器输出的信号经倍频和分频，得到一系列的时标信号，通过时标选择开关，所选时标经 A 通道送往主门。在主门的开启时间内，时标进入计数器计数。若所选时标为 T_0，计数器计数值为 N，则被测信号的周期为 $T_x=NT_0$。

由于 T_0 （f_0）为常数，因此 T_x 正比于 N_0，配合显示屏上小数点的自动定位，可直接读出测量结果。

例如，某通用计数器时标信号 $T_0=0.1\mu s$ （$f_0=10MHz$），测量周期 T_x 为 1ms 的信号，得到 $N=T_x/T_0=10000$，显示结果为 1000.0μs。

如果被测周期较短，为了提高测量精确度，还可采用多周期法（又称周期倍乘），即在 B 通道和门控之间加几级十进制分频器（设分频系数为 K_f），这样使被测周期得到倍乘，即主门的开启时间扩展 K_f 倍。若周期倍乘开关选 K_f 为 10^n，则计数器所计脉冲个数将扩展 10^n 倍，被测信号的周期应为

$$T_x=\frac{NT_0}{10^n}$$

　　由于K_f的改变与显示屏上小数点位置的移动同步进行，故使用者无须对计数结果进行换算，即可直接读出测量结果。例如，采用多周期法，设周期倍乘率选10^2，则计数结果为1000000，显示结果为1000.000μs，测量结果不变，但有效数字位数增加了，测量精确度提高了。

3. 测量频率比

　　图6.4所示为测量频率比的原理框图。当$f_A > f_B$时，被测信号f_B由B通道输入，经（放大）整形后控制主门启闭，门控信号的脉宽等于B通道输入信号的周期；而被测信号f_A由A通道输入，经（放大）整形后作为计数脉冲，在主门开启时送至计数器计数，计数结果为

$$N = \frac{T_B}{T_A} = \frac{f_A}{f_B}$$

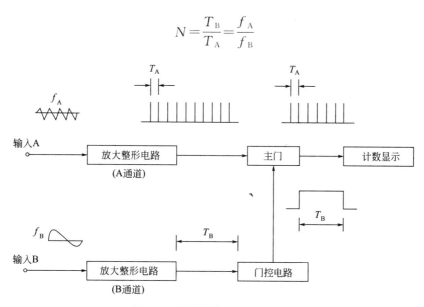

图6.4　测量频率比的原理框图

　　为了提高测量精确度，也可采用类似多周期的测量方法，即在B通道后加设分频器，对f_B进行K_f次分频，使主门开启的时间扩展K_f倍，于是

$$N' = \frac{K_f T_B}{T_A} = K_f \frac{f_A}{f_B}$$

4. 测量时间间隔

　　测量时间间隔的原理框图如图6.5所示。

　　测量时间间隔时，利用A、B输入通道分别控制门控电路的启动和复原。在测量两个输入脉冲信号u_1和u_2之间的时间间隔（双线输入）时，将工作开关S置"分"位置，把时间超前的信号加至A通道，用于启动门控电路；另一个信号加至B通道，用于使门控电路复原。

　　测量时，A通道的输出脉冲较早出现，触发门控双稳开关开启主门，开始对时

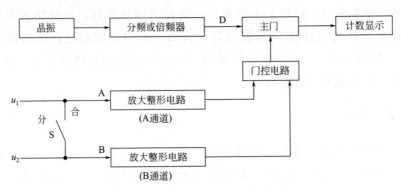

图 6.5　测量时间间隔的原理框图

标信号 T_0（D 处信号）计数；较迟出现的 B 通道的输出脉冲使门控电路复原，关闭主门，停止对 T_0 计数，有关波形如图 6.6 所示。主门开启期间计数器的计数结果 N 与两脉冲信号间的时间间隔 t_d 的关系为

$$t_d = NT_0$$

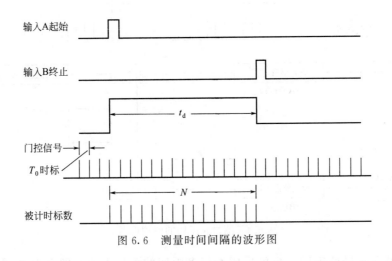

图 6.6　测量时间间隔的波形图

　　为了适应测量的需要，在 A、B 通道内分别增加斜率（极性）选择和触发电平调节功能。根据所要测量的时间间隔所在点的信号极性和电平特征来选择触发极性和触发电平，就可以在被测时间间隔的起点和终点所对应的时刻决定主门的启闭。

　　当需要测量一个脉冲信号内的时间间隔时，将工作开关 S 置"合"的位置，两通道输入并联，被测信号由公共输入端输入。调节两个通道的触发极性和触发电平，可测量脉冲信号的脉冲宽度、前沿、休止期等参数。

　　如要测量某正脉冲的脉宽，将 A 通道触发极性选择为"＋"，B 通道触发极性选择为"－"，调节两通道触发电平均为脉冲幅度的 50%，则计数结果即为脉宽值。若 A、B 通道的触发极性分别改选为"－"和"＋"，则可测得脉冲休止期时间。如果要测量正脉冲的前沿，则将两通道的极性均选择为"＋"，调节 A 通道的触发电平到脉冲幅度的 10% 处，调节 B 通道的触发电平到脉冲幅度的 90% 处，则计数结果即为该脉冲的前沿值。

控制门控电路启动和复原的两个输入通道可以是测量过程中的两个输入通道，有的计数器也另外增设辅助输入通道。

（三）FPGA 最小系统及电路

本项目 FPGA 选用 Altera Cyclone Ⅱ EP2C5T14 板，见图 6.7。该板采用完全开放的结构化设计方法，所有 I/O 资源都可以被引出使用。

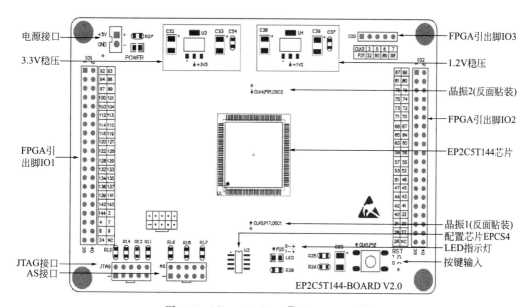

图 6.7　Altera Cyclone Ⅱ EP2C5T14 板

1. 主要资源

主要资源如下。

- Altera Cyclone Ⅱ EP2C5T144 芯片。
- Altera4MB 串行配置芯片 EPCS4。
- 3.3V 和 1.2V 稳压电路，分别提供 I/O 电源和内核电源。
- 50MHz 有源晶振。
- LED 指示灯，连接 FPGA 的 17 管脚，低电平时亮。
- 按键，连接 FPGA 的 18 管脚，平时输出高电平，按下产生一个低电平脉冲（可作 RST 使用）。
- JTAG 接口，用于下载配置。
- AS 接口，用于配置芯片。
- IO1 及 IO2 接口，将 FPGA 的 I/O 引脚接出，且在旁边标注 FPGA 的管脚号。
- IO3 接口，将 FPGA 的 CLK3～CLK7 引脚接出，这些引脚只能作为输入口。

2. 主要模块电路

（1）JTAG 接口电路

采用 JTAG 模式配置 FPGA，将比特流直接通过下载线下载至 Cyclone Ⅱ FP-GA。只要电路板保持上电，FPGA 便能够保持其配置数据。下载器有并口和 USB口两种，并口分为 ByteBlater MV 和 ByteBlater Ⅱ 两种，USB 接口为 USB-Blaster。

Quartus Ⅱ 软件的 Programme 在 JTAG 模式下可将 sof 配置文件下载到 FGPA 中。

有 NIOS 软核的 SOPC 系统中，NIOS 软件可以通过 JTAG 接口对软核程序进行调试下载。

核心板中的 JTAG 接口采用了 Altera 推荐的接口顺序，使用时只需注意端口的接插方向。

该模块的 JTAG 接口电路如图 6.8 所示。

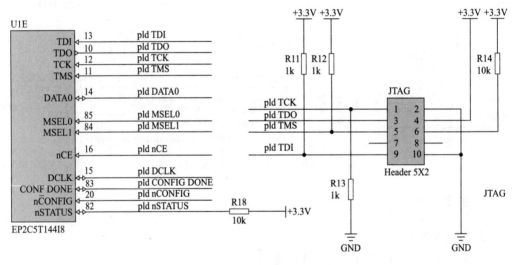

图 6.8　JTAG 接口电路

（2）AS 接口电路

在主动串行编程方法中，采用 AS 模式配置 FPGA，将比特流下载至 Altera EPCS4 串行 EEPROM 芯片。EEPROM 对比特流进行非易失性存储。Cyclone Ⅱ FPGA 入门电路板关电后一直存有信息。电路板上电时，EPCS4 器件中的配置数据自动装入 Cyclone Ⅱ FPGA 中。其连接方式及下载线与 JTAG 方式相同。

Quartus Ⅱ 软件的 Programme 在 AS 模式下可以将 pof 配置文件下载到 FGPA 的配置芯片 EPCS4 中。核心板中的 AS 接口仍采用了 Altera 推荐的接口顺序，使用时只需注意端口的接插方向。

该模块的 AS 接口电路如图 6.9 所示。

（3）FPGA 的晶振电路

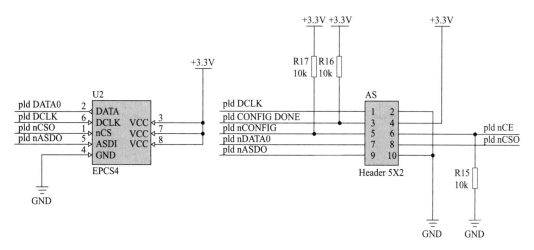

图 6.9　AS 接口电路

晶振电路提供了两路 50MHz 有源晶振信号，分别连接到 FPGA 的两个 PLL 上。FPGA 可通过内部的 PLL 对输入脉冲进行倍频处理，以得到合适的工作频率。图 6.10 所示为 FPGA 的晶振电路。

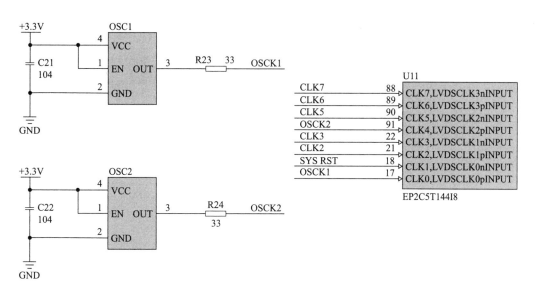

图 6.10　FPGA 的晶振电路

（4）按键及 LED 指示电路

该电路包括一个独立按键和一个 LED 发光二极管，此按键也可直接连接 RST 端，LED 可用于程序运行指示。

按键及 LED 指示电路见图 6.11。

（5）FPGA 的电源电路

该电路用两个 1117 芯片分别产生 3.3V 和 1.2V 电压，分别给 FPGA 的 I/O 电源和内核电源供电。

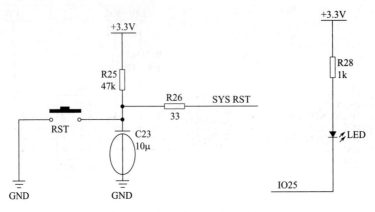

图 6.11　按键及 LED 指示电路

FPGA 的电源电路见图 6.12。

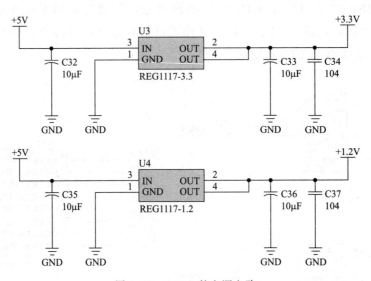

图 6.12　FPGA 的电源电路

（四）数码管显示电路及原理

数码管是应用最为广泛的显示方式之一，数码管的 8 个显示笔画的同名端连在一起，在每个数码管的公共极 COM 上增加位选通控制电路，位选通由各自的 I/O 线控制。

具体哪个数码管会显示出字形取决于单片机对位选通 COM 端电路的控制，因此只要将需要显示的数码管的选通控制打开，该位就显示出字形，没有选通的数码管就不会亮。通过分时轮流控制各个数码管的 COM 端，就能使各个数码管轮流受控显示，这就是动态驱动。

在轮流显示过程中，每位数码管的点亮时间为 1～2ms，由于人的视觉暂留现象及发光二极管的余辉效应，虽然各位数码管并非同时点亮，但只要扫描的速度足够快，给人的感觉就是一组稳定的显示数据，不会有闪烁感，动态显示的效果和静态显示是一样的，能够节省大量的I/O端口，而且功耗更低。

图6.13所示为8位动态数码管显示电路图。

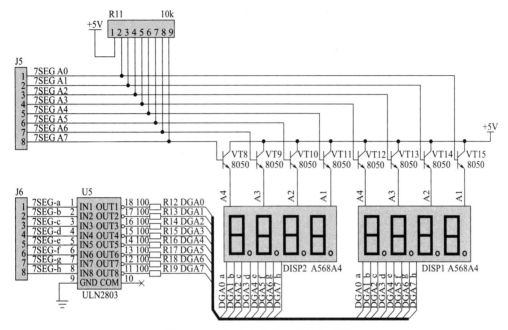

图 6.13 8 位动态数码管显示电路图

二、 项目实施

（一） 数码管显示模块设计

数码管显示模块采用 verilog 语言设计，实现 8 位动态数码管的驱动功能。其主要功能是将输入的数值转换为 8 位的十进制数，并输出给 8 位动态数码管显示电路。模块图如图 6.14 所示。

输入如下。

• sclk：接系统时钟，内部再分频。

• reset：低电平有效。

• din（31：0）：待显示数值，0～99999999。

输出如下。

• dout_w（7：0）：对应动态数码管的位控端 A1～A8。

• dout_s（7：0）：对应动态数码管的段控制端 a～h。

Verilog HDL 描述如下。

/＊模块名称：数码管显示程序

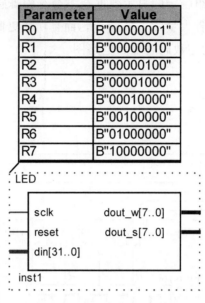

Parameter	Value
R0	B"00000001"
R1	B"00000010"
R2	B"00000100"
R3	B"00001000"
R4	B"00010000"
R5	B"00100000"
R6	B"01000000"
R7	B"10000000"

图 6.14　数码管显示模块图

模块输入：50MHz 时钟信号，复位端口，前级数据输入端口。

输出端口：段位输出端口，8 位数码管动态扫描端口。

```
*/
module LED（sclk，reset，din，dout_w，dout_s）;
        input sclk，reset;//系统时钟
        input [31：0] din;//前级数字信号输入
        output reg [7：0] dout_w，dout_s;//数码管的显示位置
        reg [7：0] data_n，data_s;//当前状态和下个状态
        reg [18：0] count;
        reg [3：0] out;
        wire [3：0] a，b，c，d，e，f，g，h;//8 位数码管对应寄存器
        reg clk;
        parameter //独热码
            R0=8'H01，R1=8'H02，R2=8'H04，R3=8'H08，
            R4=8'H10，R5=8'H20，R6=8'H40，R7=8'H80;
//＊＊＊＊＊＊＊＊＊＊＊＊＊＊＊＊＊分频模块 10ms＊＊＊＊＊＊＊＊
        always @（posedge sclk or negedge reset）
        begin
            if(!reset)
                count<=0;
            else if（count==70000）
                begin
```

```
                        count<=0；
                        clk<=~clk；
                end
            else
                count<=count+1'b1；
        end
```

//＊＊＊＊＊＊＊＊＊＊＊＊＊＊＊＊＊＊运算模块＊＊＊＊＊＊＊＊＊＊

```
        assign a=din/10000000；//最高位
        assign b=din%10000000/1000000；
        assign c=din%10000000%1000000/100000；
        assign d=din%10000000%1000000%100000/10000；
        assign e=din%10000000%1000000%100000%10000/1000；
        assign f=din%10000000%1000000%100000%10000%1000/100；
        assign g=din%10000000%1000000%100000%10000%1000%
100/10；
        assign h=din%10000000%1000000%100000%10000%1000%100%
10；//最低位
```

//＊＊＊＊＊＊＊＊＊＊＊＊＊＊＊＊＊＊数码管显示模块＊＊＊＊＊＊＊＊

```
        always @(posedge clk or negedge reset)
            begin
                if(!reset)
                    data_n<=R0；
                else
                    data_n<=data_s；
            end
        always @(clk)
            begin
                case(data_n)
                R0：data_s=R1；
                R1：data_s=R2；
                R2：data_s=R3；
                R3：data_s=R4；
                R4：data_s=R5；
                R5：data_s=R6；
                R6：data_s=R7；
                R7：data_s=R0；
```

```verilog
                    default: data_s=R0;
                    endcase
            end
    always @(negedge clk)
        begin
            case (data_n)
            R0: begin
                    dout_w<=8'h80;
                    out<=a;
                end
            R1: begin
                    dout_w<=8'h40;
                    out<=b;
                end
            R2: begin
                    dout_w<=8'h20;
                    out<=c;
                end
            R3: begin
                    dout_w<=8'h10;
                    out<=d;
                end
            R4: begin
                    dout_w<=8'h08;
                    out<=e;
                end
            R5: begin
                    dout_w<=8'h04;
                    out<=f;
                end
            R6: begin
                    dout_w<=8'h02;
                    out<=g;
                end
            R7: begin
                    dout_w<=8'h01;
```

```
                            out<＝h；
                        end
                    default：；
                    endcase
                end
always @（out）
        begin
        case（out）
        4′d0：dout_s＝8′h3f；//0
        4′d1：dout_s＝8′h06；
        4′d2：dout_s＝8′h5b；
        4′d3：dout_s＝8′h4f；
        4′d4：dout_s＝8′h66；
        4′d5：dout_s＝8′h6d；
        4′d6：dout_s＝8′h7d；
        4′d7：dout_s＝8′h07；
        4′d8：dout_s＝8′h7f；
        4′d9：dout_s＝8′h6f；//9
        endcase
    end
endmodule
```

（二）　频率测量模块设计

频率测量模块的主要功能是将连接到 extf 的外接 TTL 待测信号进行频率测量，并将测量结果从 freqvalue[31..0]端口输出。模块图见图 6.15。

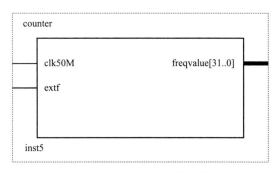

图 6.15　频率测量模块图

输入：clk50M 接系统时钟，内部再分频；extf 外接 TTL 待测信号。

输出：freqvalue(31：0)用来实现测量结果输出，采用 32 位十六进制数。

Verilog HDL 描述如下。

```
module counter (clk50M，extf，freqvalue)；
input clk50M，extf；
output [31：0] freqvalue；
reg [31：0] freqvalue；

reg [31：0] count；
reg [31：0] count1；
//------------------------------//
reg [31：0] testfreq；
reg clk_1s；

//--------------------clk_1s----------//
always@ (posedge clk50M)
begin
    if (count>=50000000)
        begin
        count <=0；
        clk_1s <= ~clk_1s；
        end
    else
        count <=count+1；
end
//* * * * * * * * * * * * * * * * * * * * * * * 测频 * * * * * * * *//
//------------------------------------------------------------------------------------------//
always@ (posedge extf)
begin
if (clk_1s==0)
    testfreq<=0；
else if (clk_1s)
    testfreq<=testfreq+1；
end
always@ (negedge clk_1s)
begin
```

freqvalue＜＝testfreq；

end

//--//

endmodule

（三） 信号源模块设计

信号源模块主要用于产生 TTL 测试信号，并调试频率测量电路。该模块可通过按键切换输出不同频率。总体接线图见图 6.16。

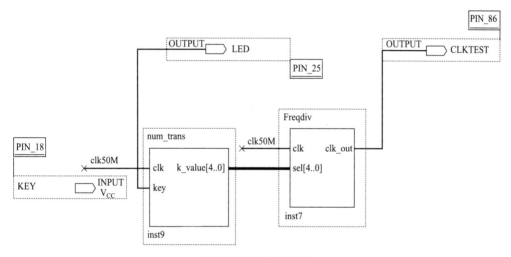

图 6.16 总体接线图

输入：clk50M 接系统时钟，内部再分频；KEY 接按键，按下时为低电平。

输出：LED 配合按键动作闪烁；CLKTEST 可输出 10Hz～25MHz 共 20 多种不同频率的 TTL 信号。

num _ trans 模块用于实现按键切换功能，使输出在 0～31 之间切换，见图 6.17。

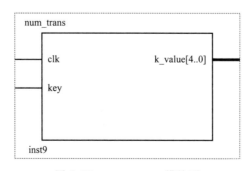

图 6.17 num _ trans 模块图

输入：clk 接系统时钟（50MHz）；KEY 接按键，且按下为低电平。

输出：k _ value ［4..0］输出 0~31 范围内 5 位十六进制数。

Verilog HDL 描述如下。

```
module num _ trans (clk，key，k _ value)；
input clk，key；
output [4：0] k _ value；
reg [4：0] k _ value；
reg [25：0] count；
always @( posedge clk)
    count<=count+1；

/ * * * * * * * * * * * * * * * * * * * * * * * * * * * * * * * * * * * * /

always @( posedge count[24])
begin
    if (key==0)
        k _ value<=k _ value+1；
    else
        k _ value<=k _ value；
end

/ * * * * * * * * * * * * * * * * * * * * * * * * * * * * * * * * * * * * /

endmodule
```

Freqdiv 模块为分频模块，根据输入值输出不同的分频信号，见图 6.18。

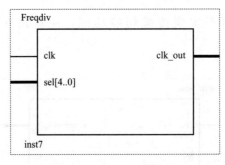

图 6.18 Freqdiv 模块图

输入：clk 接系统时钟，内部再分频；sel ［4..0］为频率选择输入端，输入 5 位十六进制数。

输出：clk _ out 输出 TTL 分频信号。

Verilog HDL 描述如下。

```
/ *
[0]：输出频率    25MHz.
[1]：输出频率    12.5MHz.
[2]：输出频率    6.25MHz.
[3]：输出频率    3.125MHz.
[4]：输出频率    1.5625MHz.

[6]：输出频率    781kHz.
[7]：输出频率    390.6kHz.
[8]：输出频率    195.31kHz.
[9]：输出频率    97.656kHz.
[10]：输出频率    48.828kHz
[11]：输出频率    24.414kHz
[12]：输出频率    12.207kHz
[13]：输出频率    6.103kHz
[14]：输出频率    3.051kHz.
[15]：输出频率    1.525kHz.

[16]：输出频率    762.939Hz.
[17]：输出频率    381.469Hz.
[18]：输出频率    190.734Hz.
[19]：输出频率    95.3674Hz.
[20]：输出频率    47.683Hz.
[21]：输出频率    23.841Hz.
[22]：输出频率    11.920Hz
[23]：输出频率    5.96Hz
[24]：输出频率    2.98Hz.
[25]：输出频率    1.49Hz.
[26]：输出频率    0.745Hz.
[27]：输出频率    0.3725Hz.
[28]：输出频率    0.1863Hz
[29]：输出频率    0.0931Hz
[30]：输出频率    0.0465Hz
[31]：输出频率    0.0233Hz
* /
```

```
module   Freqdiv (clk，sel，clk_out)；
input   clk；
input   [4：0]   sel；
output   clk_out；

reg   [31：0]   count；

always@(posedge   clk)
begin
    count<=count+1；
end

assign   clk_out=count[sel]；

endmodule
```

（四）项目总设计

将信号发生电路与测频电路各模块连接，完成频率计的总体设计，见图 6.19。连接硬件电路，下载程序到 FPGA。测试时，将 CLKTEST 端的 86 脚输出信号与 EXTF 端的 93 脚输入信号端相连，按 KEY 键，观察数码管的显示输出。

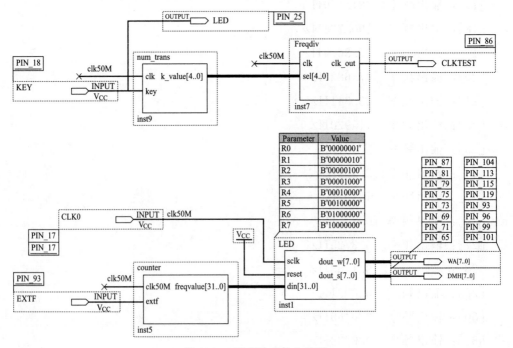

图 6.19　频率计总体电路图

一、选择题

1. 已知 "a＝1b′1；b＝3b′001；"，那么 {a，b}＝（　　）。

A. 4b′0011 B. 3b′001 C. 4b′1001 D. 3b′101

2. 在 verilog 语言中，a＝4b′1011，那么 &a＝（　　）。

A. 4b′1011 B. 4b′1111 C. 1b′1 D. 1b′0

3. 大规模可编程器件主要有 FPGA、CPLD 两类，下列对 FPGA 结构与工作原理的描述中正确的是（　　）。

A. FPGA 全称为复杂可编程逻辑器件

B. FPGA 是基于乘积项结构的可编程逻辑器件

C. 基于 SRAM 的 FPGA 器件，在每次上电后必须进行一次配置

D. 在 Altera 公司生产的器件中，MAX7000 系列属 FPGA 结构

4. 下列标识符中，（　　）是不合法的标识符。

A. 9moon B. State0 C. Not _ Ack _ 0 D. signall

二、某一纯组合电路输入为 in1，in2 和 in3，输入出为 out，则该电路描述中，always 的事件表达式应写为 always@（　　）；若某一时序电路由时钟 clk 信号上升沿触发，同步高电平复位信号 rst 清零，该电路描述中 always 的事件表达式应该写为 always@（　　）。

三、4′b1001＜＜2＝，4′b1001＞＞2＝＿＿＿＿＿。

四、画出通过下面程序综合出来的电路图。

always@（posedge clk）

    begin

        q0＜＝~q2；

        q1＜＝q0；

        q2＜＝q1；

    end

五、写出下面程序中变量 x，y，cnt，m，q 的类型。

Assgin x＝y；

    always@（posegde clk）

begin

cnt＝m＋1；

q＝~q；

end

其中：

x 为_____型；

y 为_____型；

cnt 为_____型；

m 为_____型；

q 为_____型。

六、 设计一奇偶校验位生成电路， 输入 8 位总线信号 bus， 输出奇校验位 odd， 偶校验位 even。

项目7

DDS信号发生器设计

本项目要求完成以 FPGA 为核心的 DDS 信号发生器的核心算法，输出正弦波、三角波等波形的 DA 数据，并能观察输出结果。

对所设计的信号发生器的具体要求如下。

① 能输出正弦波、方波、三角波、锯齿波四种波形。

② 输出频率为 10Hz~1MHz。

③ 通过按键可切换输出波形。

④ 可通过硬件逻辑分析仪查看输出波形。

本项目采用 Altera 公司的 EP2C5T114 芯片为核心器件，硬件主要包括 FPGA 核心板及下载工具。

一、 相关知识

（一） DDS 信号发生器概述

信号发生器又称信号源，产生于 19 世纪 20 年代，最初主要为各种接收机提供标准信号源，目前在电子行业的各领域都有着广泛的应用。现代信号发生器可产生多种不同频率、不同幅度的信号，用来测试电路的性能指标。

最早的信号发生器采用电子管的方式，功率较大，主要采用模拟技术，电路复杂，功能简单，信号输出也只有正弦波、方波、三角和锯齿波等几种简单的波形，无法实现任意波形的输出。后来随着晶体管的问世，出现了晶体管信号源。19 世纪 60 年代，电子技术蓬勃发展，出现了函数发生器。现代电子技术、计算机技术及信息技术的发展对电子测量仪器提出了更高的要求，同时深刻地改变了测量仪器的设计手段，数字信号取代了模拟信号，数字化、智能化和网络化是信号发生器的发展方向。

目前采用直接数字合成技术（DDS，Direct Digital Synthesis），一种从相位出发的新的频率合成技术），通过计数器溢出产生数字序列，以数字化的方式进行信号生成、合成、处理，大大提高了信号发生器的信号处理和信号变换能力，提高了频率精度和变换速度。基于数字电路设计的 DDS 信号源采用晶振作为脉冲源，极大地提高了信号源输出频率的稳定度，已占据市场主流。

（二） DDS 信号发生器的特点

相对于传统的模拟信号发生器，DDS 信号发生器在精确度、稳定度、信号输出的灵活性等方面都有无可比拟的优势，DDS 信号发生器可实现相位连续变化，具有良好的频谱特性。

传统信号发生器多采用 RC、LC 等振荡电路产生，模拟器件受温度等外界环境因素的影响，元器件的参数容易发生漂移，最终会影响信号发生器输出频率的稳定性，而且输出频率通常通过改变电路中的电阻或电容值进行调整，这些元件参数很难在大的范围内作精细调节，因此输出频率的分辨率和精度都不高。DDS 信号发生器采用晶体振荡器作为基准时钟信号，频率稳定度是所有电子元件中最高的，对频率稳定要求更高的场合，还可以采用温度补偿晶体振荡器。

DDS 信号发生器中的调制、扫描、移相等功能都采用数字方式实现，可以提供高精度的相位、幅度设置。

DDS 信号发生器的波形都是以数据的形式存储在 ROM 或 RAM 中，存储的波形数据不同，输出的波形就不同。在进行 DDS 信号发生器设计时，一般在 ROM 存储器存放常用波形数据，如正弦波等，在 RAM 存储器中通过控制电路写入任意波形的数据，使信号发生器输出任意波形。

现在的 DDS 信号发生器更加智能化，采用 PC 机软件可以设计所需的波形数据，下载到信号发生器，将数据存入波形存储器中，实现任意波的输出。当 DDS 信号发生器的时钟在 1GHz 时，可产生 1～400MHz 的波形。

DDS 信号发生器还具有相位噪声低、转换速度快、集成度高、功耗低、体积小、成本低廉等优点。

（三）DDS 信号发生器基本原理

DDS 信号发生器主要由五部分组成，分别是相位累加器、正弦查询表、数模转换器、低通滤波器和时钟，如图 7.1 所示。

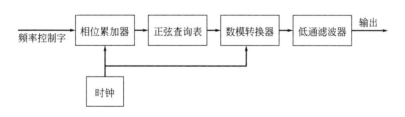

图 7.1　DDS 信号发生器基本组成框图

相位累加器本质上是一个计数器，在每一个时钟脉冲的作用下，将频率控制字（FTW）的相位增量 M 累加一次。累加器如果溢出，除溢出位外，保留其他的数字位。

将相位累加器输出的数据作为地址，用来查询正弦数据，将取出的正弦数据通过数模转换器转为模拟信号，模拟信号再通过一个低通滤波器输出纯净的正弦波信号。

DDS 算法均通过 Verilog 硬件描述语言完成。DDS 算法示意图如图 7.2 所示。

本设计中采用了 32 位的相位累加器，可输出数据范围为 $0 \sim (2^{32}-1)$。取相位累加器的后 8 位作为正弦查询表的地址。正弦查询表在 FPGA 中开辟了一个 8 位的 256B 的 ROM 空间，用于存放一个周期的正弦波数据。本设计采用 256 个点来描述一个完整的正弦波数据。正弦表的输出数据为信号 f_{out}，其输出频率由频率控制字

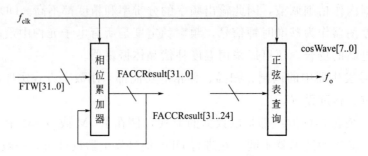

图 7.2 DDS 算法示意图

FTW 进行调节：

$$f_{\text{out}} = f_{\text{clk}}/2^M FTW$$

式中　f_{out}——输出频率；

　　　f_{clk}——时钟频率；

　　　M——相位累加器位数；

　　FTW——频率控制字。

　　最小分辨率为：

$$f_{\text{min}} = f_{\text{clk}}/2^M$$

式中　f_{min}——输出频率；

　　　f_{clk}——时钟频率；

　　　M——相位累加器位数。

　　FPGA 的 PLL 产生时钟脉冲。输出信号频率 f_{out} 主要取决于频率控制字 FTW。根据 Nyquist 采样定理，最高输出频率应小于 f_{clk} 的一半，在实际使用中，工作频率小于 f_{clk} 的 $\frac{1}{3}$。

　　本设计中输出信号的最高频率为 1MHz，为了方便计算，将 f_{clk} 时钟频率定为 32MHz。通过 PLL 将 50MHz 的时钟变换为 32MHz，发送给 DDS 作为时钟端。这样，当 DDS 输出最高频率 1MHz 时，整个正弦波在一个周期内仍有 32 个点，因此能够完整描述出整个正弦波形，不至于失真。

　　本设计中最小频率分辨率为：

$$f_{\text{min}} = f_{\text{clk}}/2^M = 32 \times 10^6/2^{32} = 0.00745058$$

式中　f_{min}——时钟频率；

　　　M——相位累加器位数。

　　根据上式，当需要输出 1Hz 的频率时，频率控制字 FTW 取

$$FTW = 1/f_{\text{min}} = 134.217728$$

　　整个 DDS 算法基于 Altera 的 FPGA 芯片，使用 Verilog HDL 编写源程序，采用 QuartusⅡ集成开发环境设计。

二、 项目实施

（一） 相位累加器设计

相位累加器模块有三个外部接口：

- clk：同步时钟输入端，本设计选用 32MHz。
- din [31..0]：32 位频率控制字 FTW。
- dout [7..0]：8 位地址码输出，接正弦查询表地址端。

相位累加器模块内部是一个 32 位累加器，时钟脉冲每作用一次，累加器便加一次频率控制字。累加器的高 8 位输出作为正弦表的地址查询码。

在 Quartus Ⅱ软件中生成的相位累加器模块如图 7.3 所示。

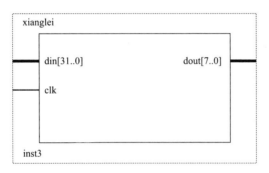

图 7.3　相位累加器模块图

xianglei 模块源代码如下。

```
module xianglei （din，dout，clk）;
input clk；
input[31：0]      din；
output[7：0]      dout；
reg[7：0]         dout；
reg[31：0]        a，b，c；
always@ （posedge clk）
    begin
     a<=din；
     b<=c；
     dout<=c[31：24]；
    end
```

```
always@（negedge clk）
    begin
    c<=a+b；
    end
endmodule
```

（二） 波形表设计

波形表由一个 ROM 模块构成，该 ROM 模块采用 Quartus Ⅱ的 LPM_ROM 生成，其内部存储了一个周期正弦波的数据（一个正弦周期取 256 个点）。该模块有三个外部接口：

- clock：同步时钟输入端，与相位累加器时钟相差 180 度。
- address[7..0]：8 位地址输入端，接相位累加器输出。
- q[7..0]：8 位波形数据输出端，输出与当前地址输入端对应的正弦波数据。

正弦波数据在 ROM 定制时以 mif 文件格式加载进去，本设计中该文件名为 sin8bit.mif，可通过 Quartus Ⅱ软件打开、查看、编辑。本设计中 sin8bit.mif 文件是采用 Matlab 编程实现的，与 Quartus Ⅱ所需的 mif 格式略有不同，需在文本编辑器中稍做修改。

正弦表模块如图 7.4 所示。

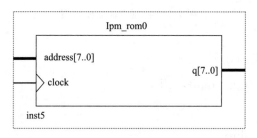

图 7.4　正弦表模块

在 Matlab 中生成 sin8bit.mif 的源代码：

```
x=0：255；
y=（sin（2 * pi/256 * x）+1）* 255/2；
y=round（y）；
z=[x；y]；
fid=fopen（'sin8bit.mif'，'w'）；
fprintf（fid，'%d：%d；\n'，z）；
fclose（fid）；
```

（三）　波形选择及输出

波形输出模块有五个外部接口：

- clk：同步时钟输入端，与相位累加器连接同一时钟；
- addr［7..0］：8位地址查询码，连接相位累加器；
- qin［7..0］：8位数据码输入，连接正弦查询表数据输出端；
- sel［7..0］：波形选择端，不同的组合分别对应四种波形；
- qout［7..0］：8位波形数据输出端，连接外部端口。

波形输出模块如图7.5所示。

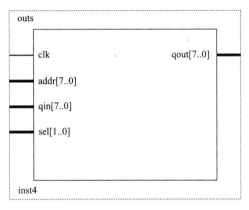

图7.5　波形输出模块

波形输出模块源代码如下：

```
module outs（clk，addr，qin，sel，qout）；
input clk；
input［7：0］addr；
input［7：0］qin；
input［2：0］sel；
output［7：0］qout；
reg［7：0］qout；
always@（negedge clk）
    begin
      case（sel）
        3'd0：qout<=qin；
        3'd1：begin
                if（addr<128）
```

```
                    qout<=addr<<1;
                else
                    qout<=((~addr)<<1)+1;
                end
            3'd2:qout<=(qin<=128)? 0:10'd255;
            3'd3:qout<=addr;
            default:qout<=qin;
        endcase
    end
endmodule
```

波形输出模块将波形数据输出到 DA 转换器。波形输出模块的 8 位地址输入端 addr [7..0] 与相位累加器模块的 dout [7..0] 输出端相连，其数据输入端 qin [7..0] 与正弦查询表的 ROM 输出端 q [7..0] 相连。sel 为波形选择端，具体作用如下。

1. 正弦输出

当 sel 选择端为 2'b00 时，模块输出端与数据输入端直连，输出正弦查询表的数据。

2. 方波输出

当 sel 选择端为 2'b01 时，输入数值大于 0x80 时输出最大值（0xff），小于或等于 0x80 时输出为 0，即输出 50% 占空比的方波。

3. 三角波输出

当 sel 选择端为 2'b10 时，每个时钟脉冲下输入数据小于或等于 0X80 时，输出地址数据乘以 2，大于 0X80 时，输出地址数据取反乘以 2 加 1，即输出三角波。

4. 锯齿波输出

当 sel 选择端为 2'b11 时，每个时钟脉冲下直接将地址数据输出，即输出锯齿波。

相位累加器的输出端接到 ROM 模块和 OUT 模块。DDS 程序顶层图如图 7.6 所示。

在图 7.6 中，WAVE [7..0] 为波形数据输出端，WAVE_CLK 为波形输出的时钟端。

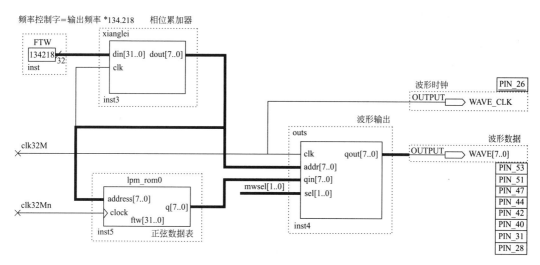

图 7.6　DDS 程序顶层图

在 Quartus Ⅱ 中经过编译、综合、链接后，生成 sof 文件。图 7.7 为整个工程综合后的结果图。

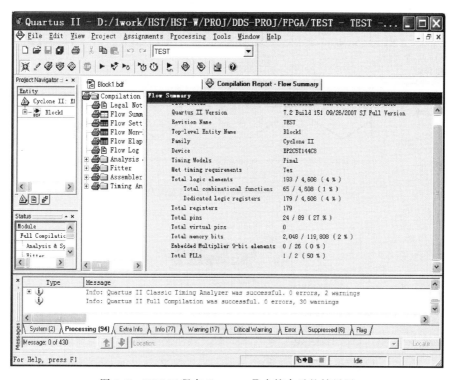

图 7.7　DDS 工程在 Quartus Ⅱ 中综合后的结果图

在 DDS 设计开发过程中，可以采用 SignalTap Ⅱ 作为调试工具查看输出波形。SignalTap Ⅱ 是 Quartus Ⅱ 中集成的一款实用性强、功能强大的系统级 FPGA 在线调试工具。

SignalTap Ⅱ 可以实时捕获和显示当前信号，通过它可以很直观地观察到系统运行时 FPGA 中的各硬件和软件的实时状态。在 SignalTap Ⅱ 的使用中，可以选择所需要捕获的信号、开始捕获的时间以及要捕获数据样本的数量，所有实时数据可以直接通过 USB-Blaster 工具传送到 Quartus Ⅱ 中供实时观察。SignalTap Ⅱ 还可以将数据直连到 FPGA 的 I/O 口，方便外部逻辑分析仪及示波器使用。

图 7.8 为在 SignalTap Ⅱ 中观察到的实时仿真波形图。

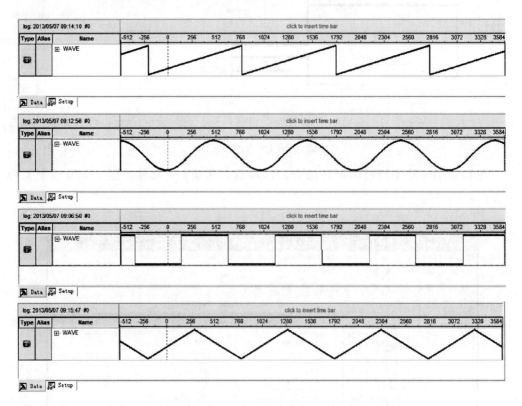

图 7.8   在 SignalTap Ⅱ 中观察到的实时仿真波形图

一、下列语句中，不属于并行语句的是（   ）。

A. 过程语句   　　 B. assign 语句   　　 C. 元件例化语句   　　 D. case 语句

二、设 P、Q、R 都是 4 位输入矢量，下面表达式正确的是（   ）。

A. input P [3:0]，Q，R   　　　　　　　　 B. input P，Q，R [3:0]

C. input [3:0] P，[3:0] Q，[0:3] R   　　 D. input [3:0] P，Q，R

三、根据以下两条语句：

reg [7:0] A；

A=2′ hFF；

可知最后变量 A 的值是（　　　）。

A. 8′ b0000 _ 0011　B. 8′ h03　　　C. 8′ b1111 _ 1111　　D. 8′ b11111111

四、 在连续赋值语句中， assign addr［3：0］=-3； addr 被赋予的值是（　　）。

A. 4′ b1101　　　B. 4′ b0011　　　C. 4′ bxx11　　　D. 4′ bzz11

五、 下面程序中， 语句 5、 6、 7、 11 是 _____ 执行， 语句 9、 10 是_____执行。

1. module M(,, ,,)；

2. input ,, ,,. ；

3. output ,, ,,；

4. reg a,b,, ,,；

5. always@(,, ,,.)

6. assign f=c&d；

7. always@(,, ,,.)

8. begin

9. a=,, ,,. ；

10. b=,, ,,. ； end

11. mux mux1(out,in0,in1)；

Endmodule

六、 写出图 7.9 所示逻辑电路的表达式。

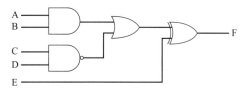

图 7.9　逻辑电路

项目8

信号绘图控制器设计与制作

本项目要求采用 FPGA 和 DAC0832，设计出能控制示波器绘图的信号绘图控制器，能实现圆形、三角形、方形等波形的绘制。

设计具体要求：

① 能够实现 6 种波形输出：竖线条、横线条、斜线条、圆形、三角形、方形；

② 可通过按键切换不同的波形，开机默认为竖线条；

③ 要求显示的图形亮度均匀。

设计方案如下。

采用 Altera 公司的 EP2C5T114 的 FPGA 芯片为核心器件，FPGA 输出两组波形数据，通过 DAC0832 构成的 DA 转换电路输出模拟信号。输出信号通过 X-Y 方式接入示波器，显示出相应的波形。

一、 相关知识

（一） 示波器 X-Y 显示原理

示波器是用来显示、观察、测量电压波形及其参数的电子仪器。一切可转化为电压的电学量（如电流、电阻等）和非电学量（如温度、压力、磁场、光强等），它们的动态过程均可用示波器来观察和测量。所以，示波器是用途极为广泛的一种通用现代测量仪器。

示波器主要包括示波管、电压放大器（X、Y 方向）、同步扫描系统和直流电源等。图 8.1 所示为示波器的方框原理图。图 8.1 所示为本项目的示意图。

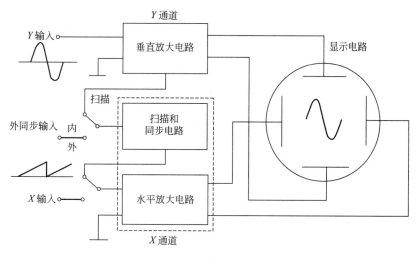

图 8.1 示波器的方框原理图

示波器的输入分为 X 通道、Y 通道，输入信号经过输入衰减器衰减后送至电压放大器放大，其放大量可调，然后进入由 X 轴（水平）偏转板和 Y 轴（垂直）

偏转板组成的电偏系统。在偏转板上加上电压，则板间形成电场。电子束进入偏转板后，会受到垂直于运动方向的电场力作用，使电子束运动轨迹偏离轴线。

当 X、Y 偏转板加上不同电压时，荧光屏上的亮点能到达屏幕上的任意位置。显然，各部分位移的变化规律与相应的输入信号变化规律是一致的。

当示波器工作在 X-Y 模式下时，在 X，Y 偏转板上分别加 f_x，f_y 两路信号，则电子束受到合成场控制，沿合成轨迹运动。

本项目将 FPGA 的输出通过示波器设置到 X-Y 模式，见图 8.2。

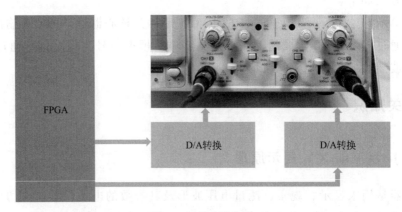

图 8.2　项目示意图

FPGA 控制的两路模拟电压信号可以控制亮点的上下左右移动，进而可以绘出竖线条、横线条、斜线条、圆形、三角形、方形等，见图 8.3。

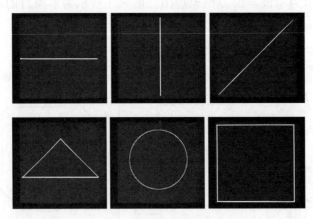

图 8.3　示波器上显示六种图形

（二）D/A 转换及器件

1. D/A 转换的基本概念

如图 8.4 所示，D/A 转换是将数字信号转换成模拟信号，可以将其简单地理解成一个受控的数字电位器，通过输入不同的数字量，控制电位器中间抽头的位置，从而改变输出电压值。

输出模拟量取决于输入二进制数的大小，图8.5展示了D/A转换中输入数字量与输出模拟量之间的关系。

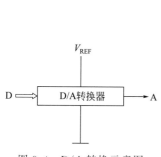

图8.4 D/A转换示意图

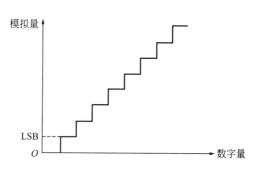

图8.5 D/A转换中输入数字量与输出模拟量的关系

D/A转换器件的种类很多，按电阻网络的结构不同，有权电阻型、T型电阻型和倒置T型电阻型；按电子开关电路的形式不同，有CMOS开关型和双极型开关型。双极型开关型在精度、稳定性和速度上均优于CMOS开关型；而CMOS开关型的突出优点是功耗极小，可以双向传输电压或电流。

2. D/A转换器的选择原则

在选择D/A转换器时，主要考虑芯片的性能、结构和应用特性。在性能上必须满足D/A转换的技术要求，在结构和应用特性上应满足接口方便、外围电路简单、价格低廉等要求。

（1）分辨率及精度

分辨率即输入数字发生单位变化时所对应的输出模拟量（电压或电流）的变化量。

对于线性D/A转换器来说，其分辨率δ与数字量输入的位数n有下列关系：$\delta = FS/2^n$，其中FS表示模拟输出的满量程值。

常用输入数字量的位数表示分辨率的高低。显然，位数越多，分辨率越高。例如8位二进制D/A转换器，其分辨率为$\delta = （1/256）FS = 0.39\%FS$。

一般来说，当不考虑D/A转换器的其他误差时，D/A转换精度即为分辨率的大小。因此，要获得高精度的D/A转换结果，首先要选择有足够大分辨率的D/A转换器。

当然，D/A转换精度还与外电路的配置有关，当外电路器件或电源的误差超过一定程度时，会使增加D/A转换位数失去意义。

（2）转换时间

转换时间t_s是描述D/A转换速度的一个重要参数，一般是指在输入的数字量发生变化后，输出的模拟量稳定到相应数值范围内所需要的时间。实际上转换时间的长短不仅与转换器本身的转换速率有关，还与数字量变化的大小有关。输入数字从全0变化到全1（或从全1变化到全0）时，建立时间最长，称为满量程变化的转换时间。

（3）D/A转换芯片的主要结构特性与应用特性选择

D/A转换芯片内部结构的配置状况对D/A转换接口电路设计有很大影响。

① 数字输入特性　包括接收数码制、数据格式以及逻辑电平等。目前的D/A转换一般都只能接收二进制数字代码。输入数据格式一般为并行码，对于芯片内部配置有移位寄存器的D/A转换器，可以接收串行码输入。不同的D/A转换芯片对输入逻辑电平要求不同，有的D/A转换器只能和TTL或低压CMOS电路连接。

② 模拟输出特性　多数D/A转换器都属于电流输出器件，一般用"输出电压允许范围"来表示输出端电压的可变动范围。当转换成电压输出时，可外接运算放大器。只要运算放大器的输出端电压小于输出电压允许范围，D/A转换器的输出电流和输入数字之间即可保持正确的转换关系。对于输出特性为非电流性的D/A转换器，无输出电压允许范围指标。

③ 锁存特性　D/A转换器对输入数字量是否具有锁存功能将直接影响到其与控制器接口的设计。如果D/A转换器内部没有输入锁存器，则通过控制器的数据总线传送数字量时，必须外加锁存器。

④ 参考电压源　D/A转换中，参考电压源是唯一影响输出结果的模拟参数，是D/A转换接口中的重要参数，对接口电路的工作性能、电路的结构有很大影响。使用内部带有参考电压源的D/A转换器不仅可以保证转换精度，而且可以简化接口设计。

（三）　DAC0832 芯片接口

DAC0832是电流输出型芯片，输出电流线性度可在满量程范围内调节。分辨率为8位。转换时间为$1\mu s$，功耗20mW。数字输入具有双重锁存控制功能，可采用双缓冲、单缓冲或直通数字输入。逻辑电平输入与TTL兼容，内部没有参考电压，必须外接参考电压电路。

DAC0832是8位D/A转换器芯片，与控制器接口简单，转换易于控制，且价格低廉，因此在实际中得到了广泛的应用。DAC0832芯片为20脚DIP封装，图8.6所示为其外部引脚图。

图8.7所示为DAC0832内部结构图，由输入寄存器、DAC寄存器和D/A转换

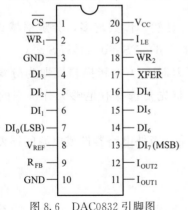

图8.6　DAC0832 引脚图

器组成。其中数据输入寄存器和 DAC 寄存器可以分别选通。

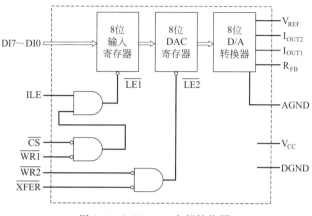

图 8.7 DAC0832 内部结构图

其引脚功能说明如下：

• V_{CC}　工作电压输入端，接 5～15V 电源。

• AGND(3)和 DGND(10)　分别是模拟地和数字地端。在模拟电路中，所有的模拟地都要连在一起，数字地也连在一起。然后将模拟地和数字地连到一个公共接地点，以提高系统的抗干扰能力。

• V_{REF}　基准电源输入端。基准电压是转换的基准，要求数值准确、稳定性好。

• DI0～DI7　8 位数字输入端，DI0 为最低位输入端，DI7 为最高位输入端。

• I_{OUT1} 和 J_{OUT2}　互补的电路输出端。其中 I_{OUT1} 端的输出电流随 DAC 寄存器内容呈线性变化，DAC 寄存器内容为全 1 时最大，为全 0 时最小。两个输出端的输出电流和为常数，此常数对应于一个固定基准电压的满量程电流。为了输出模拟电压，输出端要加 I/V 转换电路。

• R_{FB}　片内反馈电阻，与运算放大器配合，组成 I/V 转换电路。

• ILE　输入锁存允许信号端，高电平信号有效。

• CS　片选信号端，低电平信号有效。

• $\overline{WR1}$　输入寄存器写信号端，低电信号平有效。

• $\overline{WR2}$　DAC 寄存器的写信号端，低电信号平有效。

• $\overline{XFER}$　数据传送控制信号端，低电信号平有效。

ILE 端输入寄存器锁存信号端信号由 ILE、CS、WR1 端信号组合产生。当 ILE 端输入高电平且 CS 和 WR1 端信号同时为低电平时，LE1 端信号为 1，从 DI0～DI7 输入的数字量能进入输入寄存器，这时相当于输入寄存器打开。当 WR1 端信号变成高电平时，LE1 端信号变为低电平，将数据锁存在输入寄存器的输出端。

DAC 寄存器锁存信号 LE2 由 WR2、XFER 端信号组合产生。当 WR2 和 XFER 端同时为低电平时，LE2 端信号为 1，输入寄存器的输出数据能通过 DAC 寄存器，这时相当于 DAC 寄存器打开，可以进行 D/A 转换。当 WR2 端信号变为高电平后，LE2 端信号变为低电平，将输入寄存器中的数据锁存在 DAC 寄存器的输出端，即可加到 D/A 转换器进行转换。

DAC0832 为电流输出型 D/A 转换器，需要经过一个反相输入的运算放大器转换成模拟电压输出。DAC0832 片内已集成了配合运算放大器组成 I/V 转换电路的反馈电阻 R_{FB}。

D/A 转换器件的输出电流经 I/V 转换变成模拟输出电压 V_0，它可以表达为输入数字量 D 和模拟参考电压 V_{REF} 的乘积，即：

$$V_0 = DV_{REF}$$

式中，$D = D_1 \times 2^{-1} + D_2 \times 2^{-2} + D_3 \times 2^{-3} + \cdots + D_n \times 2^{-n}$（$0 \leqslant D \leqslant 1$）；$D_1$ 为最高有效位（MSB）；D_n 为最低有效位（LSB）。

这种经过 I/V 转换后的模拟输出电压是有极性的，分单极性和双极性两种。可以通过外接不同的 I/V 转换电路获取不同极性的输出电压。

图 8.8 所示为 DAC0832 单电源输出方案，图 8.9 所示为 DAC0832 双电源输出方案。当数字输入从 00H 到 FFH 变化时，模拟输出电压从 0V 变到 +5V。

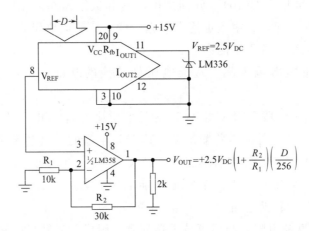

图 8.8　DAC0832 单电源输出方案

（四）　DAC0832 与控制器的连接

采用 DAC0832 实现 D/A 转换有三种方法，即直通方式、单缓冲方式和双缓冲方式。

1. 直通方式

数字量直接送到数据输入端，不经过缓冲，立即进入 D/A 转换器进行转换。DAC0832 的两个寄存器均处于直通状态，因此要将 CS、WR1、WR2 和 XFER 端都接数字地，ILE 端接高电平。数据直接送入 D/A 转换电路进行 D/A 转换。这种方式可用于一些简单的控制系统中。表 8.1 列出了 DAC0832 芯片与 FPGA 直通连

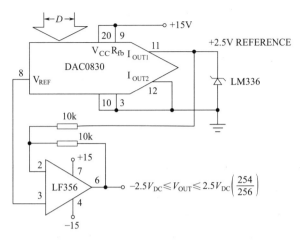

图 8.9 DAC0832 双电源输出方案

接时的引脚连接方式。

表 8.1 DAC0832 芯片与 FPGA 直通连接时的引脚连接

引脚端	连接方式
D0～D7	与控制器 I/O 相连
ILE(允许锁存端)	接高电平
WR(WR1 及 WR2)	接低电平
CS	接低电平
XFER	接低电平

2. 单缓冲方式

数字量经过一级缓冲，进入 D/A 转换器进行转换。适用于只有一路或几路模拟量输出，但不要求同步的系统。若 DAC0832 的两个寄存器之一处于直通状态，另一个锁存受控，只须执行一次写操作，打开受控的寄存器，即可使数字量通过输入寄存器和 DAC 寄存器完成 D/A 转换。表 8.2 列出了 DAC0832 芯片与 FPGA 单缓存方式连接时的引脚连接方式。

表 8.2 DAC0832 芯片与 FPGA 单缓存方式连接时的引脚连接

引脚	连接方式
D0～D7	与控制器 I/O 相连
ILE(允许锁存端)	接高电平
WR(WR1 及 WR2)	与控制器控制端相连
CS	接低电平
XFER	接低电平

一般将 XFER 和 WR2 端接数字地，使 DAC 寄存器处于直通状态，输入寄存器受控。WR1 接 51 单片机的 WR（P3.6），ILE 端接高电平，CS 端接片选信号。输入数据只经过受控的输入寄存器的一级缓冲后送入 D/A 转换电路。

在实际应用中，如果只有一路模拟量输出，或虽然有几路但并不需要同时输出，就可采用单缓冲方式。

3. 双缓冲方式

输入锁存器和 DAC 寄存器分别受控制器控制，数字量输入缓存和 D/A 转换全用两步完成。适用于多路模拟量同步输出的场合。

双缓冲方式是指输入寄存器的锁存信号和 DAC 寄存器的锁存信号分开控制，这种方式特别适用于要求同时输出多个模拟量的场合，此时需要采用多片 D/A 转换器芯片，每片控制一个模拟量的输出，即控制器的数据总线分时地向各路 D/A 转换器输入要转换的数字量，并锁存在各自的输入寄存器中，然后控制器对所有的 D/A 转换器同时发出控制信号，使各个 D/A 转换器的数据进入 DAC 寄存器，实现同步转换输出。

（五）DAC0832 模块

DAC0832 模块以 DAC0832 芯片为核心，包括了运放输出、稳压芯片等部分，并将主要端口引出。该模块可分别设置为单电源模式、双电源模式，与控制器连接非常灵活，可实现直通、单缓冲、双缓冲等不同的连接方式。图 8.10 所示为 DAC0832 模块位置图。图 8.11 所示为 DAC0832 模块电路原理图。

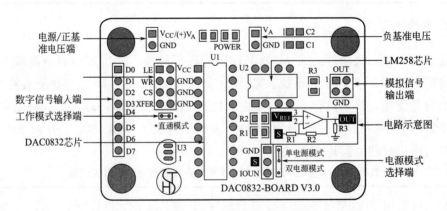

图 8.10　DAC0832 模块位置图

▣ 端口说明：

• CS　片选信号输入端（选通数据锁存器），低电平有效；

• WR　数据锁存器写选通输入端；

• XFER　数据传输控制信号输入端，低电平有效；

• D0～D7　数据输入端；

- （＋）V_A/GND/（－）V_A 运放电源输入端，一般可输入＋5V/GND/－5V；
- V_{CC}/GND 芯片电源接口，一般接直流5V。

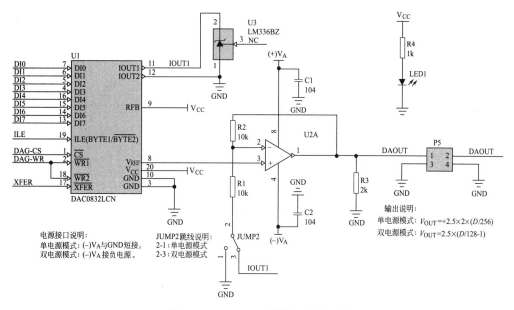

图8.11 DAC0832模块电路原理图

DA0832模块根据电源提供方式可分为单电源模式和双电源模式。

单电源模式：将"单双电源跳线"S与GND相连，（－）VA与GND短接，在单电源供电模式下，输出为

$$V_{OUT} = 2.5 \times 2 \times D/256$$

注意，由于采用的供电电压为5V，实际该电路最大输出电压为4V左右，未能达到理论值。实际使用中，采用12V电源供电时，输出为与理论数值一致。

双电源模式：将"单双电源跳线"S与OUT相连，（－）V_A接（－）V_{CC}端。在双电源供电模式下，输出为

$$V_{OUT} = 2.5 \times (D/128 - 1)$$

二、 项目实施

（一） 硬件连接

本项目采用FPGA最小系统板和DAC0832模块实现，DAC0832模块设定为直通模式。具体方法如下。

- 将"并行DA-DAC0832区"的D0～D7连接到相应管脚。
- 将直通模式的5个跳线全部短接。
- DAC0832的供电电压采用＋5V电源。
- ILE端接高电平(5V)。
- WR、CS、XFER端接低电平(接地)。

• 通过 5 个跳线，将 DAC0832 设置为 5V 供电、直通模式。

• 将"单双电源跳线"S 与 GND 相连，（－）V_A 与 GND 短接。将 DAC0832 电路设置为单电源供电模式。

（二）关键算法设计

本项目关键在于采用 FPGA 分别输出两个模拟电压到示波器的 X、Y 通道，控制示波器上光点的位置，再通过"点动成线"的原理将光点运动的轨迹绘制成一条线。如图 8.12 所示，光点的位置由 X、Y 输入电压值控制，实际再由 FPGA 输出的数字量决定。

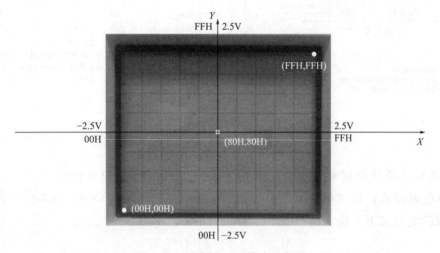

图 8.12　示波器 X-Y 模式示意图

依照"点动成线"的原理，FPGA 需要输出两组波形数据，经 D/A 转换产生两组模拟波形在示波器上显示，因此算法的重点在于生成什么样的波形数据才能绘制出这些波形。

1. 垂直线条

光点 Y 端可以保持不变，只需 X 端来回扫描锯齿波或三角波即可，见图 8.13。

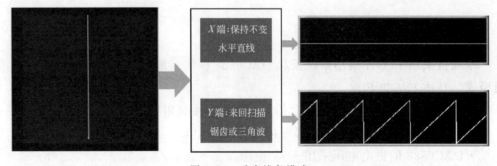

图 8.13　垂直线条模式

2. 水平线条

光点 X 端保持不变，只需 Y 端来回扫描锯齿波或三角波即可，见图 8.14。

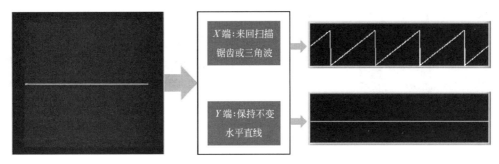

图 8.14 水平线条模式

3. 斜线条

X 端与 Y 端同步扫描锯齿波或三角波，见图 8.15。

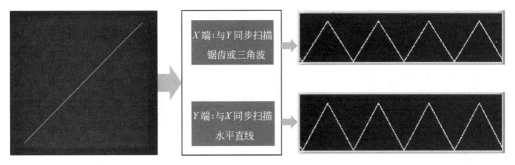

图 8.15 斜线条模式

4. 三角形

X 与 Y 配合分三个线段，依次按顺时针方向画出，见图 8.16。

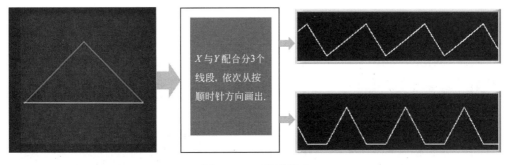

图 8.16 三角形模式

5. 正方形

X 与 Y 配合分 4 个线段，依次按顺时针方向画出，见图 8.17。

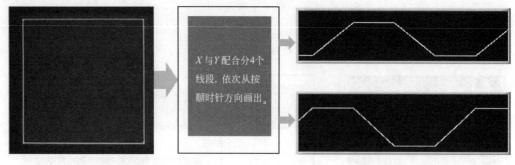

图 8.17　正方形模式

6. 圆形

圆形采用极坐标方式：

$$\begin{cases} X = r\cos(\theta) \\ Y = r\sin(\theta) \end{cases}$$

其中 θ 取值范围为 $0 \sim 2\pi$；X 与 Y 配合分四个线段，依次按顺时针方向画出。实际上可以看成两组相差 180 度的正弦波，见图 8.18。

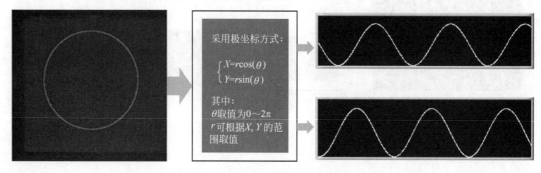

图 8.18　圆形模式

（三）软件设计

软件的顶层图如图 8.19 所示。由于需要输出两组相差 180°的正弦波，因此该设计利用了 DDS 信号发生器，在 DDS 信号发生器的基础上开发完成。

1. 输入端口

clk：时钟输入端，外接 50MHz 晶振。

key1：按键输入端，可改变输出波形。

2. 输出端口

x[7..0]：X 端波形输出，通过 DAC0832 模块接示波器 X 输入端。

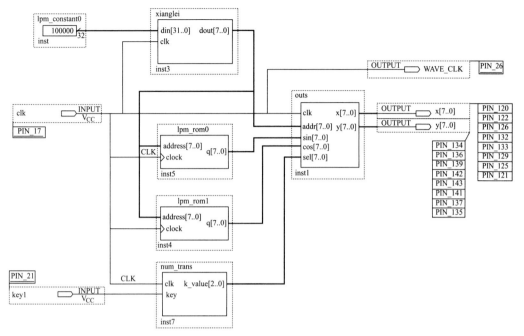

图 8.19　软件顶层图

y［7..0］：Y 端波形输出，通过 DAC0832 模块接示波器 Y 输入端。

3. 按键模块设计

该模块实现按键输入功能，每按一次键，k_value［2..0］输出递增一次。图 8.20 所示为按键模块。

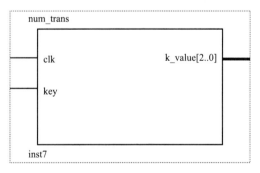

图 8.20　按键模块

输入端口：clk 端接 50MHz 系统时钟，内部再分频，Key 端低电平有效。

输出端口：k_value［2..0］输出 3 位十六进制数（0～7）。

Verilog HDL 描述如下：

module num_trans（clk，key，k_value
　　）；

input clk，key；

```
output[2：0]    k_value；
reg[2：0]       k_value；
reg[25：0]      count；
always @(posedge clk)
    count<=count+1；

/* * * * * * * * * * * * * * * * * * * * * * * * * * * * * * * */

always @(posedge count[24])
begin
    if (key==0)
      k_value<=k_value+1；
    else
      k_value<=k_value；
end

/* * * * * * * * * * * * * * * * * * * * * * * * * * * * * * * */

endmodule
```

4. 正弦和余弦的输出设计

采用DDS的设计原理输出正弦和余弦波形数据，DDS模块（部分）见图8.21。

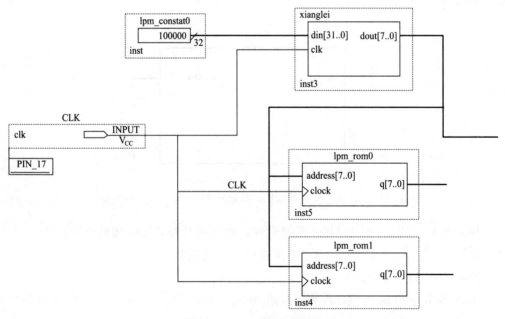

图8.21 DDS模块（部分）

模块输入：clk 接 50MHz 系统时钟，内部再分频。

模块输出：dout［7..0］为 8 位的地址码输出；qout［7..0］（lpm _ rom0）为正弦波形数据输出；qout［7..0］（lpm _ rom1）为余弦波形数据输出。

xianglei 模块的 Verilog HDL 描述如下：

```verilog
module xianglei (din, dout，clk)；
input clk；
input[31：0] din；
output[7：0] dout；
reg[7：0] dout；
reg[31：0] a, b，c；
always@(posedge clk)
        begin
        a<=din；
        b<=c；
        dout<=c[31：24]；
        end
always@(negedge clk)
        begin
        c<=a+b；
        end
endmodule
```

lpm _ rom0 和 lpm _ rom1 分别存放正弦和余弦表。

（1）定制 LPM _ ROM 初始化数据文件（建立 mif 格式文件）

首先确定 ROM 内的波形数据文件。选择菜单命令 "File" —> "New"，单击 "Other Files" 标签，选择 "Memory Initialization File" 项，根据正弦数据的情况，选择 ROM 的数据数为 64，数据宽度为 8 位。单击 "OK" 按钮，出现空的 mif 数据表格，将波形数据填入表格中，见图 8.22。完成后以 ".mif" 格式保存。

（2）定制 LPM _ ROM 文件

在设计正弦信号发生器前，必须首先完成用于存放波形数据的 ROM 的设计。利用 MegaWizard Plug-In Manager 定制正弦信号数据 ROM 宏功能块，并将波形数据加载于此 ROM 中，如图 8.23 所示。

（3）属性编辑

可以根据实际需要选择数据宽度和内存的容量，默认是 8 位，修改空间和数据属性，Cyclone 系列支持最大存储深度为 4KB。见图 8.24。

（4）选择输出引脚的属性

Addr	+0	+1	+2	+3	+4	+5	+6	+7
0	128	131	134	137	140	143	146	149
8	152	155	158	162	165	167	170	173
16	176	179	182	185	188	190	193	196
24	198	201	203	206	208	211	213	215
32	218	220	222	224	226	228	230	232
40	234	235	237	238	240	241	243	244
48	245	246	248	249	250	250	251	252
56	253	253	254	254	254	255	255	255
64	255	255	255	255	254	254	254	253
72	253	252	251	250	250	249	248	246
80	245	244	243	241	240	238	237	235
88	234	232	230	228	226	224	222	220
96	218	215	213	211	208	206	203	201
104	198	196	193	190	188	185	182	179
112	176	173	170	167	165	162	158	155
120	152	149	146	143	140	137	134	131
128	128	124	121	118	115	112	109	106

图 8.22　波形数据填．入 mif 文件表中

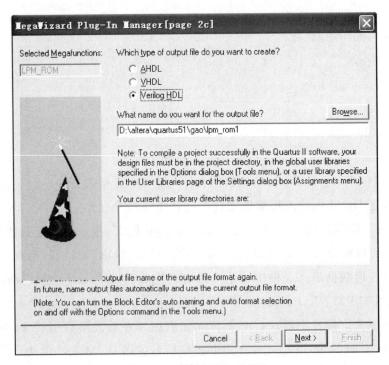

图 8.23　定制 LPM ＿ ROM

按图 8.25 所示，选择输出引脚的属性。

最后完成设置，如图 8.26 所示。

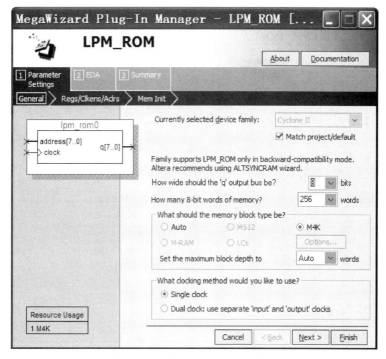

图 8.24 LPM_ROM 属性编辑

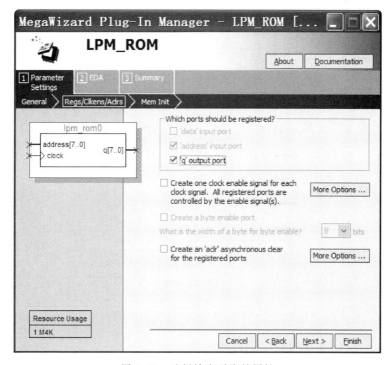

图 8.25 选择输出引脚的属性

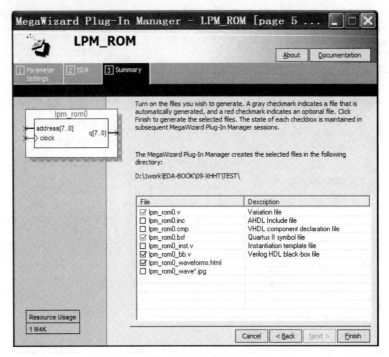

图 8.26 完成设置

5. 输出模块设计

输出模块如图 8.27 所示。根据输入信号及按键信息输出两路波形数据，分别接 DAC0832 模块两路输出模拟信号，输入到示波器的 $X\text{-}Y$ 通道。

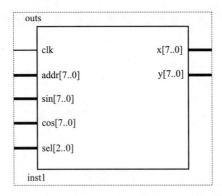

图 8.27 输出模块

（1）输入

clk：接 50MHz 系统时钟，内部再分频。

addr[7..0]：8 位地址编码输入

sine[7..0]：正弦数据输入。

cos[7..0]：余弦数据输入。

sel[2..0]：功能选择端输入 0～7，分别对应垂直线条、水平线条、斜线条、圆形、三角形、方形。

（2）输出

x[7..0]：8 位 X 轴数据输出。

y[7..0]：8 位 Y 轴数据输出。

其中 xianglei 模块的 Verilog HDL 描述如下：

```verilog
module outs (clk, addr, sin, cos, sel, x, y);
input     clk;
input    [7：0]    addr;
input    [7：0]    sin;
input    [7：0]      cos;
input    [2：0]    sel;
output   [7：0]    x;
output   [7：0]    y;
reg      [7：0]    x;
reg      [7：0]    y;
    always@ (negedge clk)
      begin
        case (sel)
            //-------------sel＝0，shu-------------//
            3'd0：
              begin
                x<＝128;    //--juchibo
                y<＝addr;    //--gudingzhi
              end
            //-------------sel＝1，heng-----------//
            3'd1：
              begin
                x<＝addr;    //--juchibo
                y<＝128;    //--gudingzhi
              end
            //-------------sel＝2，xie-------------//
            3'd2：
              begin
                x<＝   addr;    //--juchibo
                y<＝addr;    //--gudingzhi
              end
```

```
                 //--------------sel＝3，yuan------------//
         3′d3：
             begin
                 x＜＝cos；    //--cos
                 y＜＝sin；    //--sin
             end
         //-------------sel＝4，san-------------//
         3′d4：
             begin
                 if（addr＜128）
                     begin
                         x＜＝addr＜＜1；    //x＝addr＊2
                     if（x＜128）
                         y＜＝x＜＜1；
                     else
                         y＜＝255-（（x-128）＜＜1）；
                 end
             else
                 begin
                         x＜＝（addr-128）＜＜1；    //x＝addr＊2
                         y＜＝0；
                 end
             end
         //------------sel＝5，fang-----------//
         default：
             begin
                 if（addr＜64）
                     begin
                         x＜＝0；
                         y＜＝addr＜＜2；
                     end
                 else if（addr＜128）
                     begin
                         x＜＝（addr-64）＜＜2；
                         y＜＝255；
                     end
                 else if（addr＜192）
```

```
            begin
                x<=255；
                y<=（addr-128）<<2；
            end
        else
            begin
                x<=（addr-192）<<2；
                y<=0；
            end
        end
    endcase
    end
endmodule
```

（四）　输出测试

连接硬件电路，下载程序到 FPGA。将 DAC0832 输出端接到示波器的 X、Y 输入端，接下按键，观察示波器输出的波形变化，如图 8.28 所示。

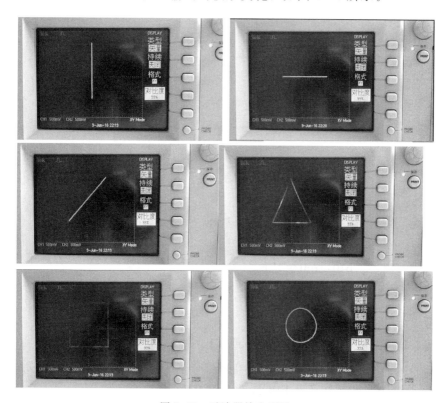

图 8.28　示波器输出测试

练一练

一、reg〔7:0〕mema〔255:0〕正确的赋值是（　　）。

A. mema〔5〕=3'd0   B. 8'd0

C. I'b1   D. mema〔5〕〔3:0〕=4'd1

二、"a=4'b11001，b=4'bx110"，则正确的运算结果为（　　）。

A. a&b=0   B. a&&b=1

C. b&a=x   D. b&&a=x

三、下列代码描述中，不能产生时序逻辑的是（　　）。

A. always（＊）

　　begin

　　　　if（a&b）rega=c；

　　　　else rega=0；

　　end

B. always（＊）

　　begin

　　　　if（a&b）rega=c；

　　　　y=rega；

　　end

C. always @（a）

　　begin

　　　　case（a）

　　　　　　2'b00：out=4'b0001；

　　　　　　2'b01：out=4'b0010；

　　　　　　2'b10：out=4'b0100；

　　　　endcase

　　end

四、下列关于JTAG的说法，正确的是（　　）。

A. JTAG不能用于FPGA内部SRAM的配置

B. 边界扫描技术可以用于FPGA硬件调试

C. Altera的SignalTap技术是基于JTAG技术的

D. CPLD的下载可用于FPGA硬件调试

五、假定某 4 位宽的变量 a 的值 4′b1011，计算下列运算表达式的结果。

&a＝＿＿＿＿＿＿＿

~a＝＿＿＿＿＿＿

{3{a}}＝＿＿＿＿＿＿

{a[2:0],a[3]}＝＿＿＿＿＿＿

(a<4′d3)||(a>＝a)＝＿＿＿＿＿＿

!a＝＿＿＿＿＿＿

六、Verilog 语言规定了逻辑电路中信号的 4 种状态，分别是 0，1，X 和 Z，其中：

0 表示＿＿＿＿＿＿＿＿＿＿＿＿＿

1 表示＿＿＿＿＿＿＿＿＿＿＿＿＿

X 表示＿＿＿＿＿＿＿＿＿＿＿＿＿

Z 表示＿＿＿＿＿＿＿＿＿＿＿＿＿

七、试设计一个 3/8 译码器，规定模块定义为 module Decoder(Out,In,En)，其中 Out 为译码器输出，In 为译码器输入，En 为译码使能输入。要求写出 3/8 译码器 Verilog HDL，设计程序并注释。

八、假设仿真开始时间为时刻 0，画出以下描述的 S 信号波形图。

initial

　begin

　　♯2S＝1；

　　♯5S＝0；

　　♯3S＝1；

　　♯4S＝0；

　　♯2S＝1；

　　♯5S＝0；

　End

波形图：

九、设计 3 位二进制码(Binary)到格雷码(Gray)的编码器，写出 Verilog HDL 描述，码表如下。

二进制码(Binary)	格雷码(Gray)
000	000
001	001
010	011
011	010
100	110

二进制码（Binary）	格雷码（Gray）
101	111
110	101
111	100

参考文献

［1］ 王金明．数字系统设计与 Verilog HDL．第 4 版．北京：电子工业出版社，2013.

［2］ 焦素敏．EDA 应用技术．第 2 版．北京：清华大学出版社，2011.

［3］ 夏宇闻．Verilog HDL 数字系统设计教程．第 4 版．北京：北京航空航天大学出版社，2017.

［4］ 袁俊泉，孙敏琪，曹瑞．Verilog HDL 数字系统设计及其应用．西安：西安电子科技大学出版社，2012.

［5］ 潘松，黄继业．EDA 技术实用教程．第 3 版．北京：科学出版社，2016.